# 0.8的幸福哲学

## ——人生要冲更要缓冲，幸福赢在0.8

正所谓"水满则溢，弦紧易断"。
0.8生活哲学的真谛在于，生活需要冲，但是要缓冲。
凡事不做满，给自己留有空间喘息，
那么幸福就孕育在0.8下面的那两层空间中。

HAPPINESS | 幸福的哲学，使我们更幸福。

## 风靡于日本和台湾的幸福哲学！顿悟生命缓冲的艺术！

# 0.8的幸福哲学

—— 人生要冲更要缓冲，幸福赢在0.8

张笑恒 著

中国华侨出版社

**图书在版编目（CIP）数据**

0.8的幸福哲学—人生要冲更要缓冲，幸福赢在0.8/张笑恒著．
—北京：中国华侨出版社，2011.8
ISBN 978-7-5113-1640-0

Ⅰ.①0…　Ⅱ.①张…　Ⅲ.①幸福—通俗读物　Ⅳ.①B82—49

中国版本图书馆CIP数据核字（2011）第153360号

●0.8的幸福哲学—人生要冲更要缓冲，幸福赢在0.8

作　　者／张笑恒
责任编辑／文　筝
责任校对／李向荣
装帧设计／天下书装
经　　销／新华书店
开　　本／710×1000毫米 1/16　印张／15.5　字数／230千字
印　　刷／北京联兴华印刷厂
版　　次／2011年9月第1版　2011年9月第1次印刷
书　　号／ISBN 978-7-5113-1640-0
定　　价／28.00元

中国华侨出版社　北京市朝阳区静安里26号通成达大厦3层
邮编：100028
**法律顾问：陈鹰律师事务所**
编辑部：（010）64443056　64443979
发行部：（010）64443051　传真：（010）64439708
网　　址：www.oveaschin.com
E-mail：oveaschin@sina.com

# 幸福取决于0.8

日本知名的内科医学博士、"作家医师"志贺贡曾提出一个关于健康与人生的关键数字——0.8。志贺贡表示，从健康方面而言，人的心脏每0.8秒跳动一下，是人体循环的最佳状态；烹饪时原本加一匙盐，改为0.8匙，不仅能够最大程度引出生鲜食材的原味，对肾脏也不会形成太大的负担；吃饭时，吃到八分饱就好，有利于胃部的消化吸收……

其实0.8的生活智慧不仅仅针对身体健康，还包括生活中的方方面面。正如志贺贡所认为的那样："在生活中，觉得精疲力竭、完全提不起劲，觉得整个人被工作掏空，觉得健康开始走下坡，觉得家庭生活被繁忙的工作严重影响……这，其实都是做得太满的缘故。"无独有偶，在杭州的灵隐寺，也有一块石碑上写着"不把力使尽——福"。世界上的一切事物自有其运行的规律，凡事都要有个"度"

所以，无论在工作还是在生活中，都应该讲究0.8哲学：做事出十分力气，只抱八分成功期望，让心情坦然一些；爱一个人，留两分自由呼吸的空间给对方；获取信息资源，不要"一网打尽"，要有选择地吸收消化；与朋友交往，不要求全责备，只求坦诚道同即可……如此，我们才能享受和谐的人生、健康的生活、活着的快乐。

我们应该给疲惫的人生加一个限度，为了收获冲刺向前固然是好的，但人生可不是百米跑，而是马拉松，你用跑百米的速度去跑马拉松，冠军是肯定和你无缘的。

我们也应该给人生找一个适合的度，不要因为急功近利的短视让本来好的事情变坏，要知道过犹不及啊！水果需要时间成熟，一味地催肥助长，恐怕到时不但收不到果子，连果树都会因肥料过多而败亡。"水至清则无鱼"，养鱼的水需要洁净，但如果一味地执著于清水，恐怕连根水草到最后也捞不到了。

不仅仅是自然，同样的在我们的生活中每时每处都应该注意"度"的重要性。身体保健是如此，那么生活、工作、人际、爱情哪个不是如此呢？当你面对着越来越浮躁的生活时，当你迫于越来越沉重的生活压力时，不妨就对自己说一句"人生要冲更要缓冲"，给自己的激情打个八折，学一学志贺先生的"0.8的生活方式"。

这并不是不思进取，更不是虚度光阴，而是为了享受生活，更是为了蓄积冲向下一个高峰的能量。

## 第一章　为什么我们筋疲力尽

### ——0.8的生活节奏孕育幸福

在人体内确实生来就有一个预定好的时刻表——生物钟，它严格、准确地控制着人体的生命活动，但我们有时却偏要对它进行拨动、调整，以至于酿成不可收拾的局面。有鉴于此，健康的生活就要求我们学会掌握0.8的生活步伐，让生命之钟走得更有节奏。

## 第二章　为什么我们眉头紧锁

### ——给完美主义打个0.8的折扣

生活中本没有完美，凡事都务求完美只是人的一厢情愿，而且人们追求的完美也常常会有太多的"虚报价"。给完美打0.8折，绝不是阿Q式的精神胜利法，而是懂得给自己留有余地的豁达人生。

目录 | Contents

## 第三章　为什么我们只喜欢第一名

### ——允许自己处于0.8中上游位置

珠穆朗玛只有一座，但其他的高山一样巍峨；太平洋只有一个，但其他的海洋一样辽阔；第一名只有一个，但其他人同样可以很优秀。做不成第一的时候，不要强求，给自己的第一名梦想打个八折，不是很好吗？拥有一种豁达的态度，那么每个人都是第一名。

## 第四章　为什么我们拥有的总是不够

### ——把你的期望值调至0.8

最大的失望来自于太多希望，最大的痛苦和挫折来自于最不切实际的幻想。每个人都想当比尔·盖茨，但聪明人会先从养活自己做起。在没有能力实现的时候，把期望值降至0.8，放松心情，也幸福自己。

## 第五章　为什么我们要加班到深夜

### ——如何获得"0.8"的工作状态

春种夏忙,秋收冬藏,日月盈昃,寒来暑往,天地日月都要注意轮休,更不要说人了。作息作息,工作和休息本来就是相互循环的关系。如果我们只作不息,那么作也持续不了太久。掌握0.8的工作状态,才会让人生更可持续一些。

## 第六章　为什么我们会爱到疲惫

### ——0.8的距离产生美

爱是包容而不是放纵,爱是关怀而不是宠爱,爱是百味而不全是甜蜜,爱是一种从内心发出的关心和照顾,没有华丽的言语,没有夸张的行动,只有在点点滴滴一言一行中我们才能感受得到。所以当我们发现自己用尽全力地去爱反而弄得自己疲惫不堪得时候,不妨把这爱减少两成,用0.8的距离去感受爱的自在。

目录 | Contents

# 目录 | Contents

## 第七章 为什么别人总不能令我们满意
### ——多想对方 0.8 的好

也许他偶尔忽略了你，误解了你，或者他的某些做
法你看不惯。但人无完人，想到他 0.8 的好处，剩下的
也许就可以忽略不计了。而且，通过接纳别人的失误，
你也不会对自己那么苛刻了。人至察则无徒，放松心
情，只求坦诚道同就好。

## 第八章　为什么我们挣的钱总不够花
### ——消费 0.8 才能游刃有余

消费主义以品牌为噱头，以时尚为药效，将人卷入无休止的购买与淘汰的恶性循环中，恋物成瘾。任何人都想体验一掷千金的快感，但千金掷出后复有千金？任何人都免不了受到轻车肥马的诱惑，但轻车肥马下焉知他不是外强中干？讲求 0.8 的消费理念，遏制自己的过分物欲，这样的人才是真正的会花钱的人。

## 第九章　为什么我们会在无心之中得罪人
### ——0.8 的表达技巧更受欢迎

佛曰："口说一句好话，如口出莲花；口说一句坏话，如口吐毒蛇。"我们会看到这样的人，他心如菩萨，却处处在言语上给人难堪而且浑不自知，到头来却弄得四处不讨好，这就是不会表达的缘故。学会 0.8 的表达技巧，我们虽不想圆滑世故，但也想和他人相处得更融洽一些。

目录 | Contents

# 目录 | Contents

## 第十章　为什么我们亚健康了
### ——坚持 0.8 的保健原则

衣食是生命之源、健康之本，合理的食宿才是生命的第一保障。醴肥辛甘非真味，真味只是淡。我们不提倡完全食无鱼肉的生活，只需将自己的衣食之欲合理地打个八折，我们就能拥有真正的健康生活。

# 第一章

# 为什么我们筋疲力尽

## ——0.8 的生活节奏孕育幸福

在人体内确实生来就有一个预定好的时刻表——生物钟，它严格、准确地控制着人体的生命活动，但我们有时却偏要对它进行拨动、调整，以至于酿成不可收拾的局面。有鉴于此，健康的生活就要求我们学会掌握 0.8 的生活步伐，让生命之钟走得更有节奏。

## 放轻松点，把自己从焦虑中脱离出来

时下，无论是在网络上还是现实生活中，我们经常会听到一些人说："真累啊、真烦！"仿佛全民进入了一个焦虑的时代。而引起焦虑的源头，就是现代人生活压力过大。如果我们不找些调节心情的方式，久而久之，这种焦虑的心情便会让我们付出生理和心理健康的代价。

这不，日前微博上一则关于"××××25岁女硕士过劳死"的帖子短时间内被网友大量转载。逝者小潘生前在微博上时常抱怨工作忙、没有休息时间，更用讽刺的语调写下"好欢乐的加班……"小潘的骤然病逝唤起了现代人对生活强度与健康问题的关注与反思。

网友"伤不起的猫猫"表示："看来现如今的人们可真是'玩命'啊。不过我自己也没好哪去，就拿做销售来说吧，连休假都不得安生，客户一个电话要看房，我们马上得赶过去。不仅如此，连现在的春节都让人过得身心俱惫。"

春节将至，本应是放假欢呼的日子，但刚刚参加两年工作的徐莹却怎么也高兴不起来。原来，徐莹自打毕业后工作，这春节就没闲过。去年徐莹在工作中交了一个男朋友，正好春节把他带回了家。按照当地习俗，徐莹便带男友去走亲访友、请客拜年。加上工作了，她就要对自家的小辈表示表示。由于家中孩子多，这一"意思意思"让刚上班的徐莹觉得压力很大，这个年过得让她身心俱疲。

对此，日本医学博士志贺贡曾提出过一个关于健康与人生的关键数字——0.8。他认为，就健康方面而言，心脏每0.8秒跳动一下，也就是每分钟75下，是人体循环的最佳状态；烹饪时原本加一匙盐，改为0.8匙，不仅能够引出生鲜食材的原味，而且对肾脏也不会造成太大的负担。他进而指出，人生需要一些舒缓的空间与余地，而不是让身心一直处于紧绷状态；凡事尽力而为，但不要过度追求完美而让自己透支，赔上健康，也牺牲了陪伴家人的时间。幸福在哪里？幸福就在0.8之外的那两成空间里孕育着。

其实，我们现在的生活压力大，更多是我们妄想着那些我们没有的东西，我们焦虑是因为只注意我们和希望的差距，这些差距让我们不得不拼命工作，但只要静下来仔细想想，就会发现我们希望的不就是舒心的生活吗？为了希望，焦虑地忽视已经有的舒心生活，真的值得吗？看看下面这个小故事，我们也许会明白一些。


某机关一个小公务员一直过着安分守己的日子。有一天，他忽然得到通知，一位从未听说过的远房亲戚在国外死去，临终指定他为遗产继承人。遗产是一个价值千万的珠宝商店。小公务员欣喜若狂，开始忙碌地为出国做种种准备。待到一切就绪，即将动身，他又得到通知，一场大火烧毁了那个商店，珠宝也丧失殆尽。

小公务员空欢喜一场，重返机关上班。他似乎变了一个人，整日愁眉不展，逢人便诉说自己的不幸。

"那可是一笔很大的财产啊，我一辈子的薪水还不及它的零头呢。"他说。

"你不是和从前一样，什么也没有丢失吗？"他的一个同事问道。

"这么一大笔财产，竟说什么也没有失去！"小公务员心疼得叫起来。

"在一个你从未到过的地方，有一个你从未见过的商店遭了火灾，这与你有什么关系呢？"这个人看得很开。可不久以后，小公务员死于忧郁症。

在这个竞争激烈的社会，如果我们总是梦想着得到什么，那恐怕永远有做不完的工作。而有的时候停下来，放下点什么，不要因事务缠身而牺牲自己已经得到的幸福；无论是生活还是工作，不再苛求达到全部目标，有时面对 10 分目标，力气只使上 8 分，剩下的用来享受已经拥有的幸福——这或许是解决人们心中焦虑的最佳方式。

## 装忙——现代社会的流行病

对于现如今的白领们来说，每天的生活主旋律就是忙碌，似乎不忙就是异类。忙是对自己的一项标榜和包装。你可曾遇到过这样的场景：当你约好和朋友吃饭，对方却说"我手上的工作还没完成呢，你们先点菜，我等会就过去"。不管他是真忙也好，假忙也罢，总之彼此一见面，开口就叹"最近特别忙"。你有没有在办公室中看到过这种情形，无论手头上有没有那么多工作，都表现出一副忙碌的模样给领导和同事们看？

在某网站的调查中，75％的人认为要看情况，有必要时会装一下很忙，只有18％的人认为，不需要装，本身就很忙。他们或因要保饭碗，或因面子问题，或因躲避某些人而不得不加入"装忙族"的行列。

今年25岁的刘雯在中关村的一家科技公司负责文秘工作，一开始上班，她就立即坠入"忙碌"之中。同事们经常见她拿出各种便利贴贴在办公桌周围，上面写满了当日工作的安排——"帮老总准备行程""完成上周总结""整理会议资料""约客户吃饭"……上班没几天，便利贴已经铺天盖地贴满了她的办公区域。

然而，刘雯真正的工作状态却不是这样的。她的电脑上有一个未完成的文档，这便是她日常忙碌的"马甲"。只要有领导一靠近，屏幕上便呈现这篇文档，而她也立即投入劈里啪啦敲击键盘的状态。

但当领导脚步声渐行渐远时，各种小资网站以及购物论坛便开始跳了出来，偶尔她还会见缝插针地关注下股市行情。这样时间长了，她对这种假装忙碌的游击战术已经轻车熟路了，甚至还能通过领导的脚步声，判断来的是谁。

其实，在两年前刘雯刚刚进入公司的时候，她并非是"装忙族"的成员。按照她今天的话说："这也是环境所迫啊。"

那时，她每天的工作量还比较合理，但是领导却总是会将其他同事的工作加到她头上，理由总是"别人很忙"。甚至，同事还会以"自己很忙"为借口，让她下楼帮忙买包烟或者一杯"咖啡"。

如此一来，刘雯在完成自己的本职工作时，别的同事早就已经下班。渐渐地，她发现，同事原来并非如他们所言的那么忙碌。有的明明在办公室给老朋友煲电话粥，可电话接通的第一句话却要提高8度，"X总您好，请问今晚是否有时间见面？"接下来，同事压低声音对着电话一阵偷笑，便天南地北地聊开了。

刘雯刚开始的时候对这种同事气愤不已，但慢慢的，她开始觉得，别人如果可以，那我为什么不行呢？于是，她便成为了"装忙族"的一员，每天将自己要做的工作用便利贴"公示"出来，自然就不会有太多额外的工作。

但刘雯还是认为装忙的前提是"必须完成自己的本职工作"。她已尝到了装忙的"甜头"，既能忙里偷个闲，又能给领导留下勤奋的印象。

就这样，两年后，刘雯成了单位的老人，变成了真正的"忙碌族"，领导一个接一个地给她派活儿，加班到晚上八九点也是很正常的事。

"刘雯，你手上的活干完了没？"领导手里又拿着新的任务单。"哦，还没有，可能要到明天早上才能给你。"刘雯飞速将电脑网页切换到写字板，她不自觉地撒了谎。其实她刚做完前一项工作，正准备放松一

• 5 •

下。唉，没办法，为了忙里偷闲休息一下，她只得把"忙"继续假装下去。

职场"装忙族"其实也是无奈的一群人，他们期望树立积极工作的形象，但理想和现实中存在的差距导致了失衡感，从而出现装忙行为。但是，别看装忙能给你带来意外效益，但大多数人很难掌控好这个度。试想一下，天天这么"忙"下去，势必会引起身心疲惫，注意力难以集中等健康问题。

还有专家认为，"装忙"属于心理学中的"认知失调"，这是一种亚健康状态。如果"装忙"的盲目行为得到周围人的关注，则意味着行为被强化，可能会越装越忙；而一旦"装忙族"无法继续"装"下去，很可能会产生较严重的心理问题。

长此以往，工作效率每况愈下，弄个精神分裂也未可知。对领导来说，最重要的不外乎工作业绩，"装忙"之人虽终日"劳作"，可惜效率始终不高，领导看在眼里，只能证明你能力不强，升迁之事也只好暂缓一边了。所以，"装忙装忙，容易越装越忙"！

所以，该忙的时候忙，空的时候偷偷懒也还是可以的。如果你确实对某份工作厌倦了，就换一份工作好了。要是将"装忙"搞成自己下意识的习惯，那么，不管你做什么工作都是做不好的。还有，放松心情，把工作看成一种娱乐，而不是负担，你就不会那么累了。

## 总和时间赛跑的人是笨蛋

很多人在看完热播的国产动画片《喜羊羊与灰太狼》后会发出这样的感慨"真羡慕剧中的懒羊羊啊""做人就要做懒羊羊"。奇怪，明明头号主人公是聪明的喜羊羊，为什么慵懒无奇的懒羊羊却被越来越多的年轻人所追捧呢？

原来，现如今人们生活压力大，我们仿佛每天都在和时间赛跑，工作争效率，娱乐也赶场，生怕晚了一步就成为社会的淘汰者。于是健康离我们越来越远，幸福也不见了踪影。而懒羊羊用它不紧不慢的生活态度告诉了现代人："幸福，不需要总和时间赛跑，否则你就是个笨蛋。"

已经工作 4 年多的亦非也有过年少轻狂的日子。刚步入职场不久，她就遇到一次大会议。部门经理带着她做方案，两人在办公室里吃了点快餐，一直做到 9 点多。亦非有点累了，关了计算机想先回家休息。没想到经理生气了："你怎么这么没时间观念，工作没做完就要走？明天再做来得及吗？"

亦非留下来了。从此一发不可收拾，她开始和时间赛跑，她给自己制订了苛刻的工作计划，几乎每天都超量完成，并且为此沾沾自喜，而且精神越来越好。然而，一年多过去了，亦非感觉越来越疲倦，起床越来越困难，工作的效率也一天天降低，连成就感也渐渐消失。亦非试着给自己放长假，可是，即便身处大自然，她都不安心，老是担心自己的工作完成不了，她已经没有能力从时间的跑道上主动退下来了。

直到有一天，她全身而退：她的颈椎、腰椎都出现了问题，不能久坐，不能久对计算机。"我不知道自己这次能不能停下来，我真的很累……"她说。

的确，我们现在生活得越来越"速食"，吃饭速度越来越快，睡眠时间越来越少，凡事讲求效率第一，每个人的头脑中都紧绷着一根弦，不停地向前奔跑，不停地你追我赶，但是在马不停蹄的奋斗中，我们的身体素质却变得越来越差。

据权威媒体了解，现在我国八成以上的白领都有或轻或重不同程度的腰椎、颈椎疾病。这些病一旦患上，是不可能完全康复的，通过游泳、瑜珈等体育运动仅仅可以部分改善病情，而推拿、足疗、按摩等也只能是暂时缓解症状。

人的健康真的是一去不复返。看了亦非的这个例子，我们是否该反省一下自己每天的生存状态了呢？时间诚可贵，身体价更高啊。

其实，人生在世，活得开心快乐才是最重要的。如果你的生活节奏早已让你无法负荷，那就放慢下来，你会感受到生活的美好。就像下面这个故事所说：

一个圆环在滚动中不小心失去了一块边角，于是急着去寻找，但由于缺损的原因，滚动的速度变慢了。如此，它有机会欣赏沿途的鲜花、阳光、蝴蝶，听地上小虫的叫声……这些都是它快速滚动时所无法注意、未能享受到的。有一天，这个圆环终于找到了那个边角，重新补上缺损，又很高兴地快速滚动起来。可是，因为速度太快，它再也无法赏花望月，更没有机会听鸟虫的叫声，一切都变得稍纵即逝……于是，相比之后，这个圆环故意丢下了那个边角，又成为有缺陷但快乐的圆环。

我们或许还记得《山海经》里面夸父追日的神话："夸父逐日走，入日。渴欲得饮，饮于河、渭。河、渭不足，北饮大泽。未至，道渴而死……"

其实，时间就像太阳一样是不以人的意志为转移的，它总是一分一秒地过，对于任何人没有任何偏袒，不会因为你追得急就多给你一分，也不会因为你等在那里就克扣你一分。因此如果我们非要像逐日的夸父一样争分夺秒的话，那我们的结局只能像夸父一样悲惨！

所以，不要总是自不量力地和时间赛跑，你能跑得过时间吗？人的一生十分短暂，20岁之前基本是在父母、老师的扶持下学习、生活；20岁以后，参与工作，便不停歇地奋斗、拼搏，总是在一种或多种欲望的驱使下和时间赛跑着。但是此欲实现了还有彼欲呢。欲望周而复始，无穷无尽，但我们的生命可是有尽头的啊！

霍金说过："人类是唯一被时间束缚的动物。"是啊，人为什么总是那么傻呢？时间本来是人定义出来的概念，却成为了人束缚自己的锁链。对此，我们不妨做一个聪明一点的人，主动解下自己身上的枷锁，让生活变得轻松一些。

## 钱是赚不完的，不如放弃一点换些自在

久违的春雨落下，让许多忙碌的人不得不停下脚步，纷纷躲到了路边的屋檐下避雨。这些人一边抱怨雨耽误了事，一边在偷偷计算自己因为这场雨的损失，但雨并没有停下的意思。慢慢的，无所事事的人们开始打量四周的景色。渐渐的，他们觉得，自己从来没注意过原来周遭的景色居然这么怡人……

台风来袭，让很多人无法再像往常一样开船载着游客出海观光。看着窗外白浪滔天的海面，每天靠旅游团吃饭的渔民叹息不已。偏偏这时候不懂事的孩子跑过来非要爸爸陪着玩儿什么电子游戏。渔民本来想把他呵斥到一边去，但想想也没什么事儿，玩儿一会儿就玩儿一会儿吧，结果不知不觉就玩儿了一个下午，从没想过陪孩子玩儿电子游戏能这么开心，小家伙也兴奋得不行……

有的时候，我们被迫停下了脚步，才发现原来周围的一切是这么美好。但平时我们怎么没有发现呢？"老婆孩子还有父母，养活哪个不需要钱，挣钱都挣不过来谁有空管这些！"有的人理直气壮地回答。但我们真的必须这样吗？

广东人卢先生在广州做时装设计已经有十多年了，见到他的感觉，就是四个字：气定神闲。相比于那些整日忙得昏天暗地的同行来说，卢

先生这个时装设计师做得更悠闲一些。有人问卢先生窍门在什么地方，他笑了笑回答说："也没有什么窍门啦，只要你舍得放弃一些订单就好了。"

卢先生是不怎么外出自己去拉订单回来的，他说自己通常都是等着客户上门预订，因为毕竟做了这么久，积累了一些经验和资源，一般都是人家上来找自己，交给自己下一季的流行趋势，按照这样的思路设计下一季的时装，做的多数是本土的时装品牌。

设计师的工作相对来说属于时间上弹性非常大的，设计师的工作也有淡旺季之分，当然有些人对自己要求是不一样的。卢先生说："有些人经常一天工作 16 个小时，可还觉得时间不够用呢，不像我这样的，把大把的时间'浪费'在做自己喜欢的事情上。"但同时他自己也没觉得有什么不好，钱总是赚不完的嘛，赚钱还不是为了享受。现在放下一些赚钱的机会，多给自己一点享受的时间，他觉得更自在、更坦然。

往往真的会赚钱的人会不顾任何代价去求得一个休息。休息十天、半个月，等他们回来的时候，再看看自己，那是多么神奇的一种变化啊！他们简直就像换了一个人似的——生机勃勃，精神饱满，并且头脑也清醒了。他们会拥有新的想法，制订新的计划，采取新的行动，而最终他们会因此而得到的往往多于他们所付出的。因为人一旦消除了疲劳，就可以获得一种快速重新起航的动力。

花些时间休息，可以使我们获得大量的精力、体力，使我们取得从事任何工作、应付各种问题的力量，也使我们对于生命能有一个愉快正确的认识。天下还能有别的投资比这个对于我们更加有利的吗？

太史公说，天下熙熙皆为利来，天下攘攘皆为利往。随波逐流在这纷繁芜杂的社会洪流中，我们无法脱身，无非也就是为了名利二字。当我们看看窗外，看到路人大都风尘仆仆，每个人或许都有自己的故事，或喜或悲，每个人或许都有自己的追求，行色匆匆。

但大家可能都忘了要歇一歇。人生有赚不完的钱，世间有走不完的路，累了，倦了就停下来，歇一歇，给自己一点时间，来放松一下自己疲倦的心灵，就算是淋点雨，没有关系，很快依旧是阳光明媚，哪怕衣服湿了又何妨呢？被春雨洗刷后的天空会更加地晴朗，被春雨洗礼过的心灵也将更加纯净。

有时候想赚钱并不是一件坏事，它会给我们带来无穷的动力，但同样重要的是我们要懂得如何释放这种压力，让自己能够好好享受自己的劳动成果，让自己更加灿烂地面对明天未知的生活，这样我们才可以相信赚钱是生活动力的源泉。

看看窗台下草木发出的嫩绿，闻闻空气中泥土伴着植物的清香，此时我们才发现并不是我们生活中风景太少，而是我们的脚步过于匆忙，以至于都没有时间停下来看看身边那些随手可及的景色。所以，暂时放下一些，将赚钱的精力打个八折，让出 20% 来享受自己的生活，当我们累了倦了时，停下来，用那 20% 的时间看看身边的风景，然后再背起行囊继续上路，伴着好心情和身边的好风景，下一站也许是更大的收获！

## 能赚钱最好，不赚钱也看得开

在时间和金钱上，如果让你选择你最富裕的东西是什么，恐怕很少有人会回答是"金钱"，大多选择"时间"。但真实的情况是，钱没了可以再赚，而时间过了就是过了，没有回头的机会，也没有后悔的余地。

很多人总是将类似"要是我有钱了就会如何如何"这样的句式挂在嘴边，可事实上这样的人即便是真到了他理想中所谓有钱的地步也不一定真会如何如何。因为，享受生活并不需要时刻都倚赖金钱。

第一章　为什么我们筋疲力尽

施小姐三年前从外企辞职，开始专心经营自己的饰品店，销售自己从外地淘回来的各种特色饰品。开个小店，本来就没多大风险，而且还可以不必太理会时间被人管制，做的都是自己喜欢做的事情，平时摆弄摆弄饰品，烦了就出去旅旅游，就当是开拓货物渠道了，这也是施小姐之所以从待遇好的外企辞职而专心做这个小店的主要原因之一。

本身施小姐自己就是一个小女人，最喜欢饰品一类比较小资的东西。她也希望自己淘回来的东西能够跟喜欢它的人一起分享，所以很用心地经营她的小店，所有的饰品都是自己亲手搭配后放在橱窗里展示给人看的。而且她的心态也非常随意："能赚钱最好，不赚钱每天就算看着这些饰品被人挑选也是件开心的事儿。"

然而或许越是不在乎的人，往往越能有这种好运气。很神奇的，施小姐的饰品店经过这一两年的精心打理，每个月都能有个不错的营业额。施小姐做的真是又自由又开心。

钱赚来就是为了花的，人生在世也要学会享受生活。正因为如此，现在我们更应该懂得怎么去看待金钱，想拥有固然没有问题，但如果一旦无法拥有，那也没什么好在意的。别学别人说一定要等到有钱再去享受，那样的想法是非常愚蠢的。我们可以看到有些没有很多钱的人，一样过得很开心啊。

钱固然很重要，生活中很多地方不能没有钱，但钱不是人生的最重要的。钱只是一种工具而不是目标。生活中最重要的目标是追求幸福。幸福才是灵魂，而快乐是幸福的秘诀，金钱只是实现快乐的途径之一。

钱也许能够通神役鬼，但买不来时间和快乐。所以我们更应该在乎的是每一天的生活，努力让时间增值，让心情变好，与家人、朋友和邻里分享更多的快乐，分享更多的梦、真和爱，以欢愉的稚子之心去享受诗意般的美好生活。

也许有人会说，什么都不在乎岂不是太浪荡了，这样游戏人生的人终将一事无成。但不太在乎钱的人，并不是游戏人生，作一切都毫不在乎状，而是意在强调不要太在乎。因为对于钱，我们在乎多了，那么我们往往就会被钱所累，活得极不轻松，当然也就谈不上拥有自己生命的质量。

因此我们对于钱不妨就采取 0.8 的态度，看开一点，有更好，没有也没什么嘛！《浪子心声》里面唱得好："命里有时终须有，命里无时莫强求。"人是万物之灵，要有万物之灵的样子，不要学那无知的井底之蛙，空得意、目光如麻，却想不到金屋瞬间就变成了败瓦。放下物欲，让一切顺其自然，我们终究会发现，生活还有很多比钱更美好的东西。君可见漫天落霞，名利瞬间似雾化。

## 远离"快节奏综合证"，停下来观赏花开花落

每天早上，我们在闹铃中睁开疲惫的双眼，伸一个大大的懒腰，穿衣，洗漱，迅速地吃完早餐地至于吃的是什么，好与不好，已经随上班的脚步而被忘却了。

到了单位，重复地做每天的事情，除了枯燥和腻烦就只剩下对下班的期待了，至于做了什么，有什么成就感，那些早就不是我们所考虑的了，工资才是主要的。

好不容易熬到了下班时间，秒针刚刚过去，就迅速地冲出单位，买菜、做饭、看会儿电视就睡觉，一天的生命就这么过去了。至于我们得到了什么，已经没人关心了。

我们走在大街上，站在地铁口，坐在公交上，我们会发现，每个人都是那么的行色匆匆，神色凝重，似乎每个人都穿上了一双永不停步的红舞鞋，在事业与生活的人生舞台上不停地奔走。

是啊，工作任务重、生活压力大、社会竞争激烈，而每个人又都只

有这一年 365 天，一天 24 个小时，要快！要快！在一个现代人的生活中，收入、社会地位、声望、车子、房子、配偶一样都不能少，当然也不能比别人差，要拼！要拼！我们不能停歇，我们只有快跑。我们很忙、很累，但也很无奈，我们知道自己都在超负荷地运转，但似乎我们不得不做的事情实在太多了。

2010 年的一项调查显示，在我们国家有 85％的人认为自己生活在"加急时代"，其中 70％的人称自己"精神高度紧张，压力太大"。近些年来，更是不断有"成功者"因为"过劳"而猝然辞世的报道，其中不乏二十几岁的知识分子与白领精英。他们长期处于快节奏的生活中，焦虑症与亚健康似乎都可以成为他们的共同标签了。

英国著名时间专家格斯勒曾经说过："我们正处在一个把健康变卖给时间和压力的时代。而且，这种变卖是不需要任何契约的，以一种自愿的方式把我们的健康甚至幸福抵押出去。"是啊，世界越来越小了，人越来越忙了，生活节奏也越来越快了，这是必然的没有办法的事。可我们可曾思考过，这快节奏的生活健康吗？

生命自有它自己的运行规律和时间节奏。饮食的营养、睡眠的充足，还有必要的休息、运动、娱乐、休闲……都是人生不可缺少的。我们固然可以轻易地抛弃其中一项甚至多项，但是必须要以生命和健康为代价。这个代价实在是太大了，而且我们还可能在短期内察觉不到，这也正是它的致命之处。

外国有一位著名的心理学家曾经说："当我们正在为生活疲于奔命的时候，生活已经远离我们而去。"一个人正常的生命时间中，工作、生活、睡眠三者应该各占约 1/3，只要我们偏离这个生命最基本的规律，那么就必须用健康来偿还，这个代价很可能是我们所负担不起的，任何人也不例外。

现在我们看到人们越来越远离自然、运动、假期和家人，越来越远离惬意舒适的休闲时光，和人们朝夕相处时间最长久的早已换成了电脑、手机、文件和办公室。我们感慨大多数的现代都市人几乎成了时间的奴隶。米兰·昆德拉曾发出如此的感叹："慢的乐趣怎么失传了？古时候闲荡的人到哪儿去了？民歌小调中游手好闲的英雄，那些漫游各地磨坊、在露天过夜的流浪汉都到哪儿去啦？他们随着乡间小道、草原、林间空地和大自然一起消失了吗？"

无休止的快节奏生活给予我们物质回报的同时，也带给了我们心灵焦灼、精神的疲惫、职业的枯燥和健康的每况愈下。慢慢的，这些"与时间赛跑的人们"终于发现，眼前的"快"已使自己迷失了生活方向，使自己离健康的生活和生命的本质越来越远。

当兴奋、激荡的心灵逐渐裸露出厌倦、烦躁的时候，人们开始探寻最原始、最安全、最合乎自然的生活方式。于是，一种新的生活方式，一种回归生命本质的健康生活方式走进了人们的生活，这就是"慢生活"。

"慢生活"最早是在1989年由讲究慢吃的意大利人发起的，开始只是为了抵制席卷而来的美式垃圾快餐，后来逐渐发展成一种全球性的慢生活运动，成为一种越来越强大的新的国际风尚。目前，国内外相继出现了"慢餐文化""慢学校""放慢时间协会""慢城市"等概念与组织。影响巨大的"放慢时间协会"组织在全球已有700多个加盟伙伴，他们的口号是"为每个人创造时间，让每个人都有时间"。

在"慢生活"运动的影响下，越来越多的人选择给匆匆过往的生命踩急刹车，把本应该用在美好生活上面的时间从繁重的工作中拿了回来。我们看到很多白领上班族拿出了更多的时间选择去与家人相处，与朋友聚会，去健身，去旅游，看演出，或美美地睡上一觉，或者只是静静地发一会儿呆……

工作是我们生存的基础与保障，我们每个人都只有这一年365天，一天24个小时，所以要加快节奏；但换个角度想想：我们工作不还是为了生活吗？正因为我们每个人都只有这一年365天，一天24个小时，所以我们不就更应该放慢下来好好享受这生活的美好吗？别让快的生活节奏影响追求生活的真谛！

## 给自己留点时间蓄锐，或者纯粹只是用来"浪费"

有很多出过国的人都会奇怪，在西方的很多城市里都有大块大块的绿地啊河滩啊甚至是森林什么的，不禁会纳闷外国政府似乎完全不懂得寸土寸金的道理，大块大块的宝贵土地浪费在那里，而不用来盖楼房、商业中心、写字楼……无独有偶，最近的一条国内新闻让人很是惊讶。

2011年4月，贵州省贵阳市投入2.4亿元资金，对本市花溪区的十里河滩湿地进行维护性建设。据了解，整个城市湿地公园将占地609公顷，有五区三脉、两堤八景自然景观带……利用宝贵的城市空间建设"无用"的自然资源，这在国内还不多见。

有记者采访此次建设的负责部门，得到的答复是："城市是人生活的区域。我们每天生活在高楼大厦的拥挤之中，生活空间本来就很狭小，所以要注意人为的为城市腾出一点空间来。花溪湿地建成后不仅可以为贵阳带来新鲜的环境、净化城市卫生，成为城市"绿肺"，也能为贵阳市民提供休养生息的好去处。

想想贵阳市的做法，确实值得其他的城市好好学习。我们每个人其实也应该像贵阳市那样，给自己的生活腾出个缓冲的地方来。

小的时候，老师就不停地告诫我们时间是多么的宝贵，说"一寸光阴一寸金，寸金难买寸光阴"。而现在为了让孩子们真正理解"时间的有限"，我们的小学课本里新入选了台湾作家林清玄的《和时间赛跑》。文章里面讲一个小孩子在外祖母死去后，一点一点地明白人死了就再也不会回来了，所有时间里的事物都永远不会回来了。"光阴似箭，日月如梭"让小小孩子的心里有了浅浅的悲伤，从此后就不断地和时间赛跑。故事讲完，课本还要告诉我们，假如你一直和时间比赛，将一分钟当一分钟用，甚至一分钟掰做两分钟用，你就可以获得成功。

相传，子贡曾在孔子面前双手合十，说道："愿有所息。"孔子听完不屑，以一句"生无所息"回应他。或许时代已经不同，观念价值观迥异，但至圣先师的话似乎总是在鞭策我们，但他或许不知道，21世纪的生无所息带来了什么，他没听说过"过劳死"的高管白领，他也没见过不堪生活压力而轻生的富士康工人！他不知道机器尚且要定期维护，更何况是有血有肉的人！所以，在现代社会，'生有所息'才应该是主旋律，留点时间让自己打个盹，给我们那疲惫的身体放个假。

给自己留点时间蓄锐是为了更好地调整自我。凭借影片《泰坦尼克号》而一举成名的英国女演员凯特·温斯莱特被誉为"英伦玫瑰"。在她因参与影片《泰坦尼克号》的拍摄而获得巨大成功后，众多电影公司也纷纷向她抛出橄榄枝，希望她加盟；各大新闻媒体纷纷采访她；忙碌的生活让她几乎忘了睡眠。她累了，她遇到了"瓶颈"，不是事业上的，而是心灵上的。于是她决定给自己放个假，她隐退于影视圈，专心调整自我，重回生活轨道。一段日子的沉淀、偷闲，使她愈有魅力。几年后复出的她超越了自我，凭借《生死朗读》一举获得奥斯卡影后的殊荣。

给自己留一点时间养精蓄锐，这是对人生感悟的升华。现当代著名小说家、散文家汪曾祺勤于笔耕，但他却从未忘记忙中偷闲。写作之余，他非常痴迷于种植葡萄。他在《葡萄月令》中叙写铺藤、生芽、栽枝、注灌、不知是否该摘取下紫莹莹的果实，记叙的是生活琐事，却告诉自己，人生慢慢走，边走边欣赏，不做利益的奴隶，而要成为生活、写作的主人。试想，这难道不是对人生感悟的升华吗？

给自己留一点时间养精蓄锐，也是对自己和他人负责。今天的我们身陷社会的洪流中，每天朝九晚五，疲于奔命，但忙碌之余，我们可曾想过放下手中的工作小憩的片刻。

抽出点时间来，多和家人、朋友们待在一起，和他们谈谈对生活的感受，构想一下未来，回忆一起走过的日子，这可以让我们对生活迟钝的感觉逐渐复苏，可以让冷漠的人情找回昔日的温暖。

抽出点时间来，离开计算机和网络，自己动手，给亲人、朋友做一件也许不名贵但充满爱心的礼物；关掉微波炉，自己下厨，给自己做一份也许不可口但充满了劳动的喜悦的传统中餐，体验一份独到的乐趣。

有哲人说："过去是我们浪费时间，现在是时间浪费我们。"现在的人简直成了时间棋盘上的一个被牢牢控制的棋子，它使我们像24小时营业的商店，永不打烊。我们不要做陀螺，我们不是时间的奴隶，我们是万物之灵，应该过有意义的生活，因此，请拿出点时间来，哪怕纯粹是为了"浪费"也好！

## 让灵魂跟上你的脚步

王石的自传《让灵魂跟上脚步》受到了很多人的热捧，这是一本游记，更确切地说这是一本精神游记！书中详细记录了王石历时一年多"重走玄奘路"的所见所闻和心路历程，书中充斥着历史和当下的时空转换、现实境况与精神世界的交融互动。当然，匆匆行色中，两旁的物景人面迅速隐于身后，唯有脚步和灵魂的对话发人深省！

在读此书的过程中，有一点令我们感触颇深，就是本书的书名，即主题"让灵魂跟上脚步"。

据说，"让灵魂跟上脚步"这句话起源于一部意大利的电影，叫《云上的故事》，其中有一个镜头非常让人感怀。一个富人雇了一群工人帮他搬东西，从山脚搬到山上。工人们走着走着就停下来不走了，无论富人怎样催促，他们就是不走。过了很长一段时间后，他们又开始走了，到了山顶。富人不解地问："你们刚才为何不走了？"他们回答："刚才走得太快了，把灵魂落在后面了"。

而王石这本书的后记部分更指出"身处的社会、我所带领的企业和我自己，都在高速发展变化。我们的速度太快了，脚步远远跑在前面，灵魂跟不上来，整个社会因此变得很浮躁……"这段话道出了本书的主旨。那么如何让灵魂跟得上脚步呢？

第一点是加快灵魂的步伐。在生活中，我们要多思考，多总结，多反省。古人云，一日三省吾身。据说，世界首富比尔·盖茨先生每年都要给自己七天的时间来"闭关"，这期间谁也不能打扰他。在当今这个躁动无比、物欲横流的社会，尽管我们做不到像盖茨先生一样，但我们也可以每天晚上在入睡前想想自己一天的言行，想想工作中有何得失，正确的保持，错误的改正。长此以往，我们的灵魂会逐渐跟上脚步，并引领脚步。

第二点就是我们应该放慢生活的脚步。在生活中，我们放下负担，放下面子，放下繁忙，放下功利，放下我们该放下的，去欣赏曾经被忽视和淡忘的美好，让心灵得到舒展。

放慢生活的脚步，并不是事事不求进步，不求效率，而是让我们学会如何去享受生活，感受生活的美好。只要放慢了生活的脚步，一切都会显得很从容，我们可以在忙碌的早晨穿着睡衣慵懒地躺在柔软的沙发上，聆听舒缓浪漫的音乐，悠闲品茶，给自己片刻温馨，舒缓身心，也可以在伏案劳作的间隙，注目远方的天空，或欣赏一下美丽的盆景，替它剪枝理叶，施肥浇水，那时倦意就会在我们轻松的思绪飘飞的瞬间，在我们舒展腰肢的霎那消失殆尽了。

快节奏的城市生活、单位里面繁重劳累的工作、纷繁复杂的人际关系、家庭亲属之间的家长里短，都让我们感到紧张不安、身心疲乏，给

第一章 为什么我们筋疲力尽

我们带来无穷无尽的紧迫感、郁闷感、失落感。

我们每个人都不是天生的工作狂，然而迫于生活与竞争的现实压力，总是无法让自己停下来。在许多人的内心中都难免面临一种恐惧，认为一旦自己放慢脚步，等待自己的命运可能就是被淘汰，于是不停地工作，不停地应酬，换来的却是身心疲惫、神情恍惚、精神空虚；

面对这样的生活节奏，敢问有谁能够停下来，和灵魂来场真正的对话？但一个人能忙是一种能力，而在忙中能闲则是一种素养。由闲入忙不难，而由忙入闲却不易，前者只需要投入，而后者却需要智慧。有人把忙当做一种资本，也有人把忙看成机会，以为忙就能体现自己的勤快，就能获得晋升的机会。但如果把忙碌当成手段，那么这是一种瞎忙。没有灵魂指引的脚步再怎么快，也走不出美丽。重复的忙碌也容易陷入盲目，步履匆匆中我们无法宁静心绪，也无法心无旁骛。于是瞎忙的人一旦闲下来，常常会有惆怅，会有失落，那是因为自己的灵魂没能跟上脚步，让灵魂落在后面了。

"吾十有五而志于学，三十而立，四十不惑，五十知天命，六十耳顺，七十从心所欲，不踰矩。"尽管这是作为孔圣人对自己人生阶段的安排，但又何尝不是每一个人的人生观照？而立也好，不惑也罢，一个人如果在心里立不起来，那么就是到了五十岁、六十岁还是在一种"穷忙"里打转。因为没有诸多欲念在灵魂里打结，也没有虚妄在心灵里起皱，所以才会有一种品质沉淀在言行里，才会让灵魂变得轻盈起来。

让灵魂指引脚步，赋予内心以生命的力量，这样的追求不再是为了满足，忙碌不再是为了生计，脚步不再为了急赶，即使我们的生活没能博得别人的喝彩，其内心多了一份优雅，又何尝不是一种福？

# 为什么我们眉头紧锁

## ——给完美主义打个 0.8 的折扣

生活中本没有完美，凡事都务求完美只是人的一厢情愿，而且人们追求的完美也常常会有太多的"虚报价"。给完美打 0.8 折，绝不是阿 Q 式的精神胜利法，而是懂得给自己留有余地的豁达人生。

## 十全十美的生活带给人们的伤害

凡事都追求十全十美是一件非常痛苦的事情，因为这个世界本来就不是十全十美的，过去不是，现在不是，将来也不是。世界本来就是以残缺的形式呈现在我们眼前的。人如果事事追求十全十美，那么无疑是自讨苦吃。

亚楠是个高才生，大学毕业后很顺利地应聘到一家外企。亚楠的主管是一个三十多岁的男人，看起来很精干。她想，这样的人肯定不能容忍手下是个窝囊废，所以下定决心，无论主管布置什么任务，她都要做到十全十美、毫无瑕疵。

当主管让亚楠看了一上午文件，然后问亚楠有什么不懂时，亚楠告诉他"没有"。说实在的，对文件的一些细节她确实有些不解，但她并不想让主管看起来自己很无能。

第二天，主管派亚楠去另一家公司办理交割手续，听起来很简单，找到某人把材料交代好就完事了。可到了那里，没想到要找的人不在，应该付款的钱也没有带足，但亚楠还是用尽办法，最终完成了任务。

当她疲惫地回到公司时，主管坐在宽大的办公桌后，脸上带着询问和期待的神情。亚楠大致交代了一下事情的完成经过，心想，主管该夸我应变能力强了吧？可亚楠讲完之后，明显发现主管脸上的期待消失了，又变得淡淡的了。

接下来的工作中，亚楠总是把事情办得十全十美，但却总也换不来主管一次开怀的微笑，而她发现同事也对她的态度也有点不温不火。亚楠真是既辛苦又沮丧。

周末，亚楠到朋友开的影楼去散心。看她闷闷不乐的样子，朋友说："让我帮你化化妆，心情就能好起来。"亚楠说："算了吧，你看我眉毛淡，眼睛小，嘴巴大，怎么也化不出个美女来。"

但朋友不由分说就取来了化妆用品。结果化完妆一看，亚楠自己都吃惊了，原来她所认为的那些缺憾，全被朋友巧妙的手法遮盖了。

这时亚楠突然醒悟，就像化妆师不愿遇到天生丽质的美人，十全十美的职场新人其实是主管和同事最不喜欢的类型。任何一个有雄心、有韬略的领导，都喜欢在改造人的过程中显示自己的能力和意志，没有人喜欢一个毫无瑕疵、时时处处都显得比自己能干的下属。而任何公司里的员工也都不会希望有一个完美的新人做同事，这样反而会衬托出自己的无能。

亚楠从此开始学乖了。在以后的工作中，尽量以努力但又不辛苦的态度应对自己的任务，果然屡试不爽。不仅上司开始对她微笑和鼓励了，连同事也开始改变对她的态度了。


金无足赤，人无完人。尤其是对于初涉职场的新人，大可不必锋芒毕露、事事追求完美，为了"游刃有余"、后步宽宏，不妨从容一点，把真正的自己呈现给别人。

世间许多悲剧正是因为一些人热衷于追求虚无缥缈的十全十美，而忘却了任何一种正常的选择都可以走向十全十美；十全十美不是一种既定的现象，而是一种日益完善的追求的过程。

其实，任何一种平淡的选择或开始，只要后面的过程得当，其间必定蕴涵着许多奇迹，应按客观规律办事，不能脱离实际而片面追求完美。

每一个都需要拥有一份理智、一份思索、一份对自身实力的审视和把握。

"十全十美"只是一个目标，唯有透过每一次的"完成"才能使工作更趋于"十全十美"，不要让"完美主义"阻碍了事情的"完成"。如果一个人为了追求完美，而不敢去完成一个作品，他便永远品尝不到真正十全十美的果实。

一位即将圆寂的老和尚想从两个徒弟中选一个作为衣钵传人。有一天，老和尚把徒弟们叫到他的面前，对他们说："你们出去给我拣一片最完美的树叶。"两个徒弟遵命而去。时间过不久，大徒弟回来了，递给师傅一片并不漂亮的树叶，对师傅说："这片树叶虽然并不完美，但它是我看到最完美的树叶。"二徒弟在外面转了半天，最终却空手而归，他对师傅说："我看到了很多很多的树叶，但是怎么也挑不出一片最完美的……"

最后，老和尚把衣钵传给了大徒弟。

"拣一片最完美的树叶"，人们的初衷总是美好的，但是如果不切合实际地一味找下去只会吃尽苦头，直到最后你才会明白：为了寻求一片最完美的树叶而失去许多机会是多么的得不偿失。况且，人生中最完美的树叶又有多少呢？世间的许多悲剧，正是因为一些人热衷于追求虚无缥缈的最完美的树叶而忽视平淡的生活。

## 别做被责任感驱使的陀螺

在我们的生活中有一类"很能干"的人，他考虑问题很全面，很喜欢帮忙，而如果结果与他的努力的方向不一致，他就会产生强烈的内疚感。他的责任心非常重；做事不甘人后，更不能容忍被指责。作为朋友，他自然是大家愿意交往和托付的对象。

但他真的快乐吗？

刘刚是个重度"慢无能"患者，他在帮他的朋友打理一家公司，他辛辛苦苦地工作，从来没有下班、放假的概念。他在晚上 10 点以前没有迈进过家门，别说"放假"了，他连"周末"的概念都没有。有时候他的 QQ 会彻夜闪动，状态和他个人一样：永远在忙碌。

实在看不惯刘刚这样不懂得生活，有朋友就提醒他注意休息、劳逸结合，但每次他的回答都是很简单的语言："没办法，我是工作狂。"

后来朋友就毫不客气地给他定罪："要钱不要命的钱奴。"朋友以为他是公司的老板，可是当他告诉朋友他只是在帮其他朋友的忙时，朋友露出了难以置信的表情。

"那你有股份？"朋友无法相信。

"没有！"他坚决地告诉朋友。

"那你的朋友总会给你不菲的劳务费吧。"朋友接着问。

"是我主动要帮他忙的，就算他给我也不会要的，朋友嘛！"他随意地回答

朋友终于明白了，这个可怜的刘刚竟然是个被责任感驱使的陀螺，他时时要求自己绝对不能辜负朋友的信任和重托，所以只能牺牲自己。是内心深处那份对朋友的责任让他心甘情愿地超负荷运转而无法自拔。

一时间，朋友也搞不清楚，是应该为有这样一个有责任心的朋友而高兴呢，还是该贬抑他不懂得生活呢？真的不知道该如何定义他这份责任心！但有一点朋友很肯定，他的生活一点也不幸福，太太要和他离婚，他的健康状况很差，最后和朋友一开始就担心的一样，刘刚住进了医院，得了很流行的一种病：过劳！

躺在病床上，刘刚无助地告诉朋友："真的慢不下来了，就怕闲着，一闲下来就抓狂。"

有调查显示，目前中国过劳率最集中的人群是 30～50 岁事业有成

的人，这些人往往是拥有自己正处于上升期的公司或者在其他公司中处于中间领导层，他们长年处于繁忙之中，很多时间待在办公室里，一个人负担着多个人的责任，既要把自己的事情做好，又担心着下属或员工的工作质量。慢慢的，他们为很多超出自己的责任付出了"流汗又流血，拼劲又拼命"的惨痛代价。

在一座寺庙里，负责打扫藏经阁的空海小沙弥比其他的师兄弟们都要聪明和能干。有的时候，他负责的书柜整理打扫完了，他就去帮助别的师兄弟，而当别的书柜也打扫完了，他就开始打扫楼梯和庭院。渐渐的时间长了，他也就习惯了在自己的工作做完的时候，去做那些原本属于别的师兄弟的工作，并把打扫楼梯和庭院看成了自己分内的事。而别的师兄弟因为有他帮忙，渐渐的就腾出空来，慢慢的开始读起藏经阁里面的佛经来。

几年后，寺庙开始选取资质好、佛法精通的小沙弥进入达摩院做研习。而进入达摩院就意味着有一天可能会成为正式的和尚、方丈甚至是住持。而负责打扫藏经阁的小沙弥自然是最有可能被选入的人群了，因为他们有这方面的便利，可以随意地阅读藏经阁中的佛法。

最后的结果也正是这样，打扫藏经阁的小沙弥全部入选达摩院研习，只有一个人例外，就是空海。因为在别的小沙弥都腾出时间来读佛经的时候，空海正一个人打扫着藏经阁的前前后后呢。

其实放下不属于自己的工作不必担心帮忙不成反误事，这也是一种积极的生活方式，是一种健康的心理趋势，是一种闲的充实，因为这样真正可以做到"工作再忙心不忙，生活再苦心不累"。

做人固然要有责任心，我们这个星球上许多的伟人都是具有高度的责任心的人。但适当地抑制责任心，并不是不负责任的表现，有时候恰恰是为了担负起更长远、更重大的责任而为之。

## 如果你不是无瑕的神，何必要求他是完美的情人

25—35 岁，拥有本科以上的学历，大多数是公司白领，拥有一份养活自己绰绰有余的薪水。她们关心社会热点，也对时尚资讯了若指掌。相貌姣好。她们中甚至不乏事业有成的成功型女性，她们不乏追求者，却一直单身——这是我们现代社会对大多数剩女的一个简单描述。

不知道从什么时候开始，中国的许多大城里出现了一批到了适婚年龄，但名花无主的"情剩"。让人觉得纳闷的是，这些被剩下的，非但不是"黄脸婆"，反而都是有事业有学历的女子，她们被人们戏称为"优剩女"。

但如此优秀的女人们，为什么会遇不到和她们般配的男人呢？征婚网站上一位剩女的话很好地说明了原因。

一位叫"寻找终身伴侣"的征婚剩女明确表示，如果对方月薪低于一万，学历低于博士，在北京没有房子和车子，根本就不会成为她的考虑的对象。

而其实早在她读书的时候，就有很多朋友给她介绍对象，但都没有成功。不是男方觉得她难以高攀，就是她觉得对方条件太差。"我自己月收入 8000，学历是硕士，当然希望找一个各方面能配得上我的。"

固然，这样的女子对很多人来说都很优秀，但优秀就自以为完美无缺吗？

现实生活中根本就没有一个人是完美无缺的，每个真真正正的人都或多或少有着这样那样的缺陷。如果你根本就不是一个完美无瑕的人，你又有什么资格要求你的他是完美的情人呢？

在集贸市场上有这样一对卖菜的夫妻，妻子半身瘫痪，只能坐在丈夫蹬的三轮上，而丈夫是个聋哑人，没有办法和人正常交流。就是这样一对残疾的夫妻却每天都带着笑容，仿佛有着一种别人无法领会的幸福。

有人觉得不解，就问妻子："你们身上都有着各自的不方便，反而过得比正常人还开心，那是为什么呢？你们难道就没有相互抱怨过吗？"妻子坦然地回答说："正是我们互相都知道各自身体有着缺陷，所以我们更明白对方对于自己的重要。如果没有他，我连最简单的体力活都做不了；而如果没有我的话，他连和别人讨价还价都做不到，所以就算我们之间有什么别扭，但第二天早上推车出来的时候，一切就都烟消云散了。"

人的睿智在于知道自己的不足，而人的幸福在于找到了弥补自己不足的方法。这对身体不健全的夫妻的幸福在于他们发现了自己的缺陷，又能互相包容对方的缺陷。而在我们这样正常人，或者是比正常人还要优秀一些的人中，又有多少能够正视自己的缺陷，而同时包容伴侣的缺陷呢？

当我们为我们的另一半定下标准时，可曾想过，自己是否被别人的标准排斥在外呢？如果我们在与另一半交往的过程中，因为对方的一点点不合要求而吹毛求疵的时候，我们可曾想过，一旦遇到了自己的意中人，而他也以这样的态度对我们时，我们又当如何呢？

用比较冷静理性的态度去选择伴侣，并不是一件完全不可以接受的事。事实上，在有些情况下，这种谨慎的态度也是对自己的一种负责。但是，一旦爱情出现了太多理性的思量，就很难再去体会它细致的美丽以及牵动人心的悸动。而最让人担心的也就是当两人关系出现需要磨合的紧张时，如果没有足够的感性去支撑、润滑、容忍它，而一味地执著于理性的挑剔中的话，那只会让你一次次地错过那些虽不完美，但却可能适合你的另一半。

## 直面缺憾的自己

完美是人人都渴求的，但事实上，我们每个人都有着这样那样的缺憾，而能够直面缺陷，则是一种智慧的表现。

面对缺陷，当我们认识到它是可以通过自身的努力弥补时，我们可以在不满足现状的基础上，把缺陷当压力，让压力变动力，从而激起我们奋斗的壮志雄心，尽可能去弥补自己的缺陷；而当我们清醒地发现这个缺陷是无法弥补时，我们可以分析我们拥有其他的优势，从而扬长避短，乐观地去追求，充分地展现优秀的自我。

2008 年 11 月 13 日，中国残联第五次全国代表大会宣布，作家张海迪当选为第五届中国残疾人联合会主席。17 日凌晨，张海迪更新了博客，她以"我的留恋"向作家生涯暂作告别。"今后，我将以不同的方式继续为社会服务。少女时代我曾说，活着就要做一个对社会有用的人，如今我的理想实现了。"

53 岁的张海迪将面对她人生新的历程和转型。这也再次让人们回忆起那个充满理想和激情的年代，回忆起当年那位身残志坚、自强不息的精神偶像。

她的故事家喻户晓。5 岁时因患脊髓病，胸部以下全部瘫痪，但她并不因为自己身体的残疾而自暴自弃。固然，她知道由于自己的缺憾，很多事她无法像正常人一样，但她却拥有坚定的意志。她没有进过学校，童年时就开始以顽强的毅力自学，先后自学了小学、中学。15 岁时，她又跟随父母，下放山东农村，给孩子当起了老师。她还自学针灸医术，为乡亲们无偿治疗。后来，张海迪还当过无线电修理工。随后她又自学了大学英语、日语和德语，并攻读了大学和硕士研究生的课程。

1983 年张海迪开始从事文学创作，先后翻译了数十万字的英语小说，编著了《生命的追问》、《轮椅上的梦》等书籍。其中《轮椅上的梦》在日本和韩国出版。而《生命的追问》出版不到半年，就重印 4 次，获得了全国"五个一工程"图书奖。

2002 年，一部长达 30 万字的长篇小说《绝顶》问世。《绝顶》被中宣部和国家新闻出版署列为向"十六大"献礼重点图书，并连获"全国第三届奋发文明进步图书奖"、"首届中国出版集团图书奖"、"第八届中国青年优秀读物奖"、"第二届中国女性文学奖"、"中宣部'五个一'工程图书奖"。

从 1983 年开始，张海迪创作和翻译的作品超过 100 万字。为了对社会作出更大的贡献，她先后自学了十几种医学专著，同时向有经验的医生请教，学会了针灸等医术，为群众无偿治疗达 1 万多人次。1983 年，她在《中国青年报》发表《是颗流星，就要把光留给人间》，张海迪名噪中华，获得两个美誉，其一是"八十年代新雷锋"，其二是"当代保尔"。

如今张海迪开始了人生新的旅程。时过境迁，再次出现在公众面前的张海迪，除了一如既往的坚强外，还多了岁月积淀下来的从容。

今天张海迪的名言是："越是残疾，越要美丽。"


面对缺陷，人总是心有不甘，总是想继续追求完美，殊不知，完美的东西却是不存在的，而在追求完美的途中，只见罅隙，不见珠玉。因为一丝瑕疵就放弃了本来就很好的东西，那才是愚蠢的表现呢！


一个人非常幸运地漫步在海边，忽然，他发现沙地上有一颗硕大而美丽的珍珠。他兴奋地捡起来，目不转睛地开始欣赏起来，他想，这样一颗又大又美丽的珍珠是多么难得啊。然而他却又觉得遗憾了，因为珍珠上有个小小的斑点。他想，如果除去这个斑点，那么这颗珍珠应该是多么完美呀！于是，他刮去了珍珠的一部分表层，但斑点还在；他又狠心刮去一层，但斑点依旧存在……于是，他不断地刮下去。最后斑点没有了，而珍珠也不复存在……

作为芸芸众生的我们一直在梦寐以求做一个完美无缺的自己，然而现实总让我们感到它的"残酷"：想做篮球运动员，身体不够高；想当解说员，普通话不过关；想当水手，根本学不会游泳；想当飞行员，站在十层楼上就晕……有多少缺憾，就有多少叹息。但有没有人想过，美神维纳斯不也是正是因为断臂，才体现出她神秘的美？有句话说"金无足赤，人无完人"，总是深陷于自身缺陷的纠结中，结果只能是把自己存在的强项也忽视掉。正视自己的缺陷，你才能在其他方面做得更好。

## 有时候对自己说"差不多"就行了

有的时候，我们对于遇到的事，对于得到的工作，总是会想尽一切办法把它做到尽善尽美，为此不惜做超出我们应该付出的努力，但我们做出这些多余努力真的能够带来相应的回报吗？答案往往是否定的，这些做过头的努力有时非但无法带来回报，甚至可能产生意想不到的糟糕后果。

胡刚是一家私企的员工，工作能力很强，又善于交际，对公司里面所有岗位的工作都很熟悉，而且对所处的行业信息很敏感，很具有创造性，所以在岗位上混得如鱼得水。

培训新的同事，他一定在场；同事工作出现问题，你一定会见到他的身影。尤其是他和老板的关系，简直紧密得没话可说。老板出外考察，他一定跟着；老板出去娱乐，他紧步其后；有时老板有什么烦心的事儿，如果他不在，老板总是眉头不展；就连周末，他也必与老板相伴。这样慢慢的，因为他总跟在老板的周围，使他无法照顾妻儿，许多时候把孩子遗忘在学校，把妻子交代的事情忘到脑后，由此经常引得妻子怨言满腹，闹得夫妻不和。

这样他在公司工作了几年，同事对他都亲近如弟兄一般，老总也把他看做亲信，按说其升迁应该是一路通畅吧。可事实却完全相反。他在公司工作这几年，核心的管理工作轮不上他，他只能做一些边缘化的工作。七八年换了七八种工作，有时甚至是半年就轮换一次，使他十分苦恼；刚刚打下一点的基础工作，开了个头就被轮换了。

他应该算得上这个公司的开创者之一，却一直处在一个部门经理的位置上。部门有时大到几十人，有时小到二三人。每次被换工作，他都会郁闷很久。老板总是很有耐心地等待他消化情绪。但到了最后，老板却把他安排到一个部门经理手下，被这个与他平时非常亲近的朋友管理。搞到了待遇不变、职务失去的地步，终于让他不得不黯然退出这个他打拼奋斗的公司。

胡刚自然对自己的经历大惑不解。喜欢他的老板是一把手，财权人权抓在手上。而他和同事的关系处得又非常好。无论在老总的眼中，还是在同事的眼中，他都应该拥有一个不错的上升空间，为什么会如此不济，落得黯然离开的地步呢？带着这样的不解，他在离开前问了自己的老板。

老板的回答是，因为他与老板和其他的员工关系都非常密切，以至于这个单位的行政结构混乱。作为开创这家公司的老板，所有公司的大事，都应该是自己亲手打理的。单位一把手做长了，对于一些事儿自然会疲倦。作为和老板和同事都很亲近的人，他常会代替老板处理一些不该是他这个级别处理的问题，比如他可以直接对几位比他职位高的同事下达命令。同事见他与老板如此关系，自然对他礼貌有加。但时间长了，难免在背后对他有些非议。而和所有同事的关系好，又让他无法真正地开展管理，一项事情的下派往往是聊聊天，喝喝茶，无法施行真正的行政下派，出了问题，又不好追究责任。而且，和每个部门的同事关系都好，如果一旦上升到了能够决定公司核心利益的时候，难保他不会串通其他人，做出损害公司利益的事情！

凡做事固然必须决心做好，但如果一味地执拗于完善，做过了，则必然会走向反面，得到不好的结果。古人推崇"中庸"之道，强调做事只要恰当就好，并不是没有道理的。

有一次，鲁定公饶有兴致地问颜回道："先生，您听说过东野毕很擅长于驾马吧？"

颜回答道："擅长是很擅长，不过他的马将来必会跑掉。"

鲁定公听了很不高兴，东野毕擅长驾马是众所周知之事，可如今，颜回却说他驾的马必会跑掉，不知颜回是何用心，便对着旁边的人说："原来君子也会诬人啊！"

颜回听后，并没有辩白什么，退了出去。

在颜回离开后三天，掌管畜牧的官员突然跑来报告鲁定公说："东野毕驾的马不听指唤，挣脱缰绳，车旁的两匹马拖着中间的两匹马，一起回到马厩里了。"

鲁定公一听，惊坐而起，急忙唤人派车将颜回召来。

颜回到后，鲁定公便向颜回请教道："前天，寡人问您东野毕擅长驾马的事，先生您说，擅长是很擅长，但是他驾的马必将跑掉。不知您是如何预先知道的呢？"

颜回回答说："东野毕虽然很有一套御马的技术，但对马却无体谅之心，一味穷马力而奔波，马自然不堪忍受自然就会奔逃了。"

在你加班赶文稿的时候，你是否也想过，再努力点，我还能更好；在你熬夜做事情时，你是否也提醒自己，再撑一撑，今天的努力就是明天的轻松。但你是否想过，明天的成功是否可以换回今天的身体。当你以牺牲健康、牺牲家庭幸福为代价努力工作的时候，其实更应该想一想，我是不是已经做到够好了呢？是不是应该差不多就得了呢？

## 与他人相处，眼里要能容得下沙子

你是否曾为自己的正直引以为傲，强调自己眼里不容沙子。你是否一旦发现身边的同事或者朋友哪一点有违你的道德标准，轻则严肃地指出，重则"划清界限"。是否你的朋友会说，只要你在场，就像和审判官在一起一样，原本轻松的气氛也变得紧张起来。

有职业调查显示，办公室中混得如鱼得水的人大多并不是那些有着非常高的工作能力的人，而是那些大大咧咧能够容纳同事一切缺点的人。

"多个朋友多条路，多个敌人多堵墙"，是拥有朋友好还是拥有敌人好，相信你自会作出判断。当我们做了对不起别人的事的时候，总是渴望得到别人的谅解。一样的，当别人做了让我们不舒服的事的时候，我们难道就不能带着一颗宽容的心，去谅解别人吗？

同样在生活中，如果我们时时抱有一个能够容忍他人的心，那么我们也会收获无限的欣喜和感动。

一位病危的老妇人把一个盒子交给了她的老伴。老头一直认为这个盒子里有很珍贵的东西，因为老妇人从不让他打开它。老妇人说："你把它打开吧，你不是一直想知道里面有什么吗？"老头怀着好奇的心情打开了盒子，里面的东西更是让他疑惑不解，里面有一万块钱和一条未编织完的围巾。老妇人用虚弱的声音说："从小我的脾气就不好，经常发火，妈妈说这样不好，让我一定要学会容忍。嫁给你之后，你的很多做法我都不是很满意。每当我要发火的时候我都会想到妈妈的话，于是为了发泄我的不满，我就开始编织围巾。那一万块钱是我编织围巾卖的钱，那半条围巾是我未完成的，这下你明白我为什么不让你打开盒子了吧。"这时老头才意识到老妇人从未对他发过火。

古人有句话，水至清则无鱼，人至察则无徒。一对多年生活的夫妻尚且知道要互相包容，那么一个人若想成就一番大事，在人际交往中，就一定不能太计较个人的得失，而应该把目光放得远大些、长远些，做一个眼里能容得下沙子的人。


## 何苦跟自己较劲


人们在成功的道路上总是会面对一些局限性的信念，跟自己较劲。虽然这种心理障碍也许是无意识状态下产生的，但这种状态势必会影响我们获得成功。事实上我们想要获取成功，必须敢于面对、冲破局限自己信念的牢笼，这样才能最终实现我们的梦想和希望。

宋非是生活在二线城市的一个私企小老板，公司不太忙但又有着不错的效益，家里有一位非常贤惠的太太，还有一个漂亮的小女儿，有着周围美慕的眼光，过着不错的日子。按常理他应该是很幸福才对。但事实却不是这样，宋非每天都是闷闷不乐，在单位有事儿没事儿就向下属发火，回到家里又经常一声不吭地闷着脸；朋友们一起聚会的时候也经常借酒消愁，但大家又实在不知道他有什么可愁的。

于是有人禁不住诱惑要问宋非，他到底为什么这样？

宋非的回答是，他虽然略有小成，但跟他年轻时立下做世界富豪的志愿还差很远，他现在年龄越来越大，看来那个志愿是不可实现了；而妻子给他生的女儿他确实很喜欢，但他一直想要一个儿子，但这个愿望恐怕也实现不了了，为此他一天比一天沮丧……

人有想法固然没错，但一味地执拗于自己曾经的想法和自己较劲，却忘了享受身边已经拥有了的幸福，这不是很愚蠢吗？

而且有的时候，我们执拗着某种想法，不停地和自己较劲，但我们可曾想过，我们的想法真的是非坚持不可的吗？我们难道不能放下它，不再和自己较劲了吗？

从前古希腊有位国王，由于年老体衰，决定从三位王子中选出一位来做继承人。事先，他吩咐一位大臣在一条两旁临水的大道上放置了一块巨石。任何人想要通过大道，要么从水路绕过去，可那很费时；要么从石上爬过去，可石头太光滑了；要么你就把他推开，可谁有那么大的力气呢？

国王叫来了三位王子，吩咐他们先后经过那条大路，分别把信尽快送到路那头的大臣手里去。最后三位王子都完成任务回来了。国王开始询问王子："你们是如何通过那块巨石的？"

大王子说："我是划船过去的。"

二王子说："我是游水过去的。"

小王子说："我是从大路上跑过去的。"

"这怎么可能呢？难道巨石没有挡住你的去路吗？"大王子和二王子都不解地问。

"没有呀，我用手使劲一推，他就滚到河里去了。"

"孩子，你是怎么想到用手去推它的？"国王问他的小儿子。

"我只不过想去试试，"小王子说，"谁知我一推它，它就动了。"

原来，那块巨石是国王和大臣用很轻很轻的材料伪造的。自然这位敢于尝试的小王子继承了王位。

是呀，有的时候，我们的执拗就像是我们在幸福的道路上为自己设置的一块绊脚石，我们总以为我们无法撼动他，但去试着推一推又有何妨呢？其实我们的很多固执都是如此，只要大胆去试着改变一下，或许就可以幸福多了。

在幸福的道路上，没有人挡着你，真正挡着你的是你自己。

## 生活中留点遗憾也是一种美丽

在我们的生活中，总是要留下这样那样的失去和错过。面对着这些遗憾，如果我们只是不断地唏嘘懊悔的话，那么等待我们的就只能是下一个遗憾。

就像我们原本打算去爬山，但却偏赶上天公不作美，下起雨来，这时的我们是应该为这不可能因我们的计划而停下的雨懊恼呢，还是应该为雨过后能够采到新鲜的蘑菇而高兴呢？

有一个失去工作的人到微软去找一份清洁工的工作。在经过面试和实做（扫扫厕所等）以后，人事部门告诉他录取了，向他要 E-mail，以便寄发录取通知和其他文件给他。

他说："我没有计算机，更别提 E-mail 了。"

人事部门告诉他："对微软来说，没有 E-mail 的人等于不存在的人，所以微软不能用他。"

他很失望地离开了微软，心想："如果我曾经学习过电脑该多好啊，能在大公司里打工，即使是清洁工，也能够让自己过上衣食无忧的生活啊！

这时他的口袋里也只剩下了十美元。他只好到便利商店去买了十公斤的马铃薯，挨家挨户地转手卖出。两个钟头后他卖光了，获利了百分之百。后来他又照做了好几次生意，把本钱增加了一倍。他发现这样可以挣钱养活自己。于是，他认真地做起这种生意来。由于一些运气加上努力，他的生意越做越大，还买了车及增加了人手。

五年内，他建立了一个很大的"挨家挨户"贩售公司，提供了人们只要在自家门口，就可以买到新鲜蔬果的服务。

他考虑到要为家人规划未来，于是计划了要买份保险。签约时，业务员向他要 E-mail。

他再次说出："我没有计算机，更别提 E-mail 了。"

业务员很惊讶："您有这么样一个大公司，却没有 E-mail。想想看，太遗憾了，如果你拥有计算机和 E-mail 之后，你的公司一定是现在的几倍了！"

他想了想，摇摇头说："不，那样我会成为微软的清洁工！"

希望得到本是人的天性，谁都想让生活中处处充满收获。但是，这种美好的愿望或理想有时却会成为陷阱，让人陷落其中，难以自拔。

因为，人活在世上谁都难免要遇上灾难和一些难以改变的事情。真实的生活毕竟不是只有鲜花和阳光，也会有荆棘，有乌云。我们固然会有得到，也会有失去。当得到时，我们充满喜悦；而当失去的时候，我们能否也保持一种积极的心态，去理智地消化这因失去而造成的遗憾，把失去当成得到！

一位国王有七个女儿，这七位美丽的公主是这个王国的的骄傲。她们每个人都拥有远近皆知的一头乌黑亮丽的长发。为此，国王送给了她们每人一百个漂亮的发夹。

有一天早上，大公主醒来，一如往常地用发夹整理她的秀发，却发现少了一个发夹，于是她偷偷地到了二公主的房里，拿走了一个发夹。二公主发现少了一个发夹，便到三公主房里拿走一个发夹；三公主发现少了一个发夹，也偷偷地拿走四公主的一个发夹；四公主如法炮制拿走了五公主的发夹；五公主一样拿走六公主的发夹；六公主只好拿走七公主的发夹。于是，七公主的发夹只剩下九十九个。

没多久，邻国有一位英俊的王子忽然来到皇宫，他对国王说："昨天我养的百灵鸟叼回了一个发夹，我想这一定是属于公主们的，而这也真是一种奇妙的缘分，不晓得是哪位公主掉了发夹？"

公主们听到了这件事，都在心里想说："是我掉的，是我掉的。"可是她们头上明明完整地别着一百个发夹，所以都懊恼得很，却说不出。

只有七公主走出来说："我掉了一个发夹。"话才说完，一头漂亮的长发因为少了一个发夹，全部披散了下来。王子不由得看呆了。

故事的结局，当然是王子与公主从此一起过着幸福快乐的日子。


小公主丢失了一个发夹，头发也就无法扎起来了，但因此她也得到了一个英俊的丈夫。诚然这只是一个童话，但我们的生活中不也正在发生着无数这样的"塞翁失马，焉知非福"的故事吗？

印度伟大的诗哲泰戈尔曾说过："如果你因为错过太阳而哭泣，那么你也将错过星星了。"有些遗憾，我们为什么要过于执著地去弥补呢？

## 给自己留一点进步的空间

在生活中我们常常会这样，做一件事情之前给自己设定了一个目标，对未来总是抱着超出一般水平的期待，但是过高的期望或者目标常常意味着很难实现或达成，希望越大，失望越大，最后慢慢地心灰意冷……

其实我们只需要让自己每天进步一点点，那么每天就都能感到有收获，有进步，就够了。何必给自己设定一个完不成的目标，让自己活在自责和焦虑当中呢？

咱们中国有句古话叫欲速则不达。听过这句话的人多，可是真的了解这句话并能做到的人却很少。我们在日常生活中总是看到一些人为着各自的目的不知疲倦地努力，但他们却忘了，用百米的速度跑马拉松是永远到不了终点的。

一位禅门弟子日夜参禅却收效甚微，便向师父请教如何悟禅。师父交给弟子一个葫芦、一把粗盐，说："你去把葫芦装满水，再把盐倒进去让它尽快溶化。"

弟子照办，过了很久，他满头大汗地抱着葫芦跑回来，说："水太满，摇不得；葫芦口太小，筷子也无法伸进去把盐搅化。"

"倒掉一些水，再摇它一摇吧！"师父说。

于是，弟子倒掉一些水，只摇了一会儿，就没了盐块在水里碰撞的声音。

"用功是好的，但参禅也须从容；不然就像装满水的葫芦，既不能摇又搅不得，该消释的东西又如何消释呢？"师父说。

是啊，我们不倒掉一些水怎么可能让盐融化呢？我们不给自己一点空间，怎么可能享受进步的成果呢？

你可曾注意到，当你收入不断上涨的同时，你的血压也在上涨；你可曾发现，当你迅速从职场菜鸟发展成为一个资深白领的同时，你的浓密的黑发中也逐渐多了些许的杂草。回头看一看，你甚至发现，你从来就没有休息过。久而久之，你的身体吃不消了，身体的某些不适感就来了。几次和医院的接触后，你才真正意识到了自己前进的代价，才明白老人们常常嘱托的话："身体是革命的本钱。"

"会休息的人才会工作"，"休息是为了明天更有精神"，现在想来，这些话说的真的很对。步步争先的你只需要稍微地放松一下，适时地休息一下，停一下，是绝对不会把自己弄得如此疲惫的。

我们渴求每件事都一步做好，这固然没错，可是一步做好的代价却可能是我们付不起的。在错踪复杂的社会里，我们都是在某条路上踽踽前行，我们渴望通过自己的努力迅速获得社会的认可，我们渴望一下子超过周围所有的人。但如果我们每个人都这么想的话，我们只会在不断地互相超越中迷失了生活的真谛。

真正的生活应该活在享受中，应该活得愉快，活得舒适，不要把自己逼得那么紧，给自己一个进步的空间，让生活从容一点！

## 既然木已成舟，干脆顺其自然

在我们的人生中，充满了各种各样的无法挽回的事情，例如：财富的失去，考试的失败，恋人的离开……当我们面对这些已经无法挽回的事情时，我们应如何对待呢？是沮丧、懊恼、叹息、后悔，还是放松心情，让这木已成舟的事情顺其自然，鼓足干劲去做接下来该做的事情呢？

财富失去了，我们不是可以再次创造吗？考试失败了，难道在一座不是那么好的大学里我们就不能成为精英了吗？恋人离开了，不也正给了我们找到更好的另一半的机会吗？让那些木已成舟无、可挽回的事随风而去，我们或许能够有更大的收获呢？

在巴黎的一场音乐会上，著名音乐家欧尔·布里发现小提琴的 A 弦突然断了！千百个聚精会神如痴如醉的人们正在倾听，他别无选择，只能用另外三根弦继续演奏。整场音乐会天衣无缝，甚至超越了平时的演奏水平。终场时，欧尔·布里高高举起小提琴，那根断掉的弦飘荡着，让台下观众更加掌声雷动，向这位处变不惊技艺高超的音乐家致以崇高敬意！

事后记者采访欧尔·布里，他深有感触地说："这就是人生！如果你的A弦断了，只能用其他三根弦继续演奏。"

再比如麦吉，这位耶鲁大学戏剧学院毕业的美男子，23岁时因车祸失去了左腿。断了A弦后，他依靠一条腿精彩地生活，成为全世界跑得最快的独腿长跑运动员。30岁时，厄运又至，他遭遇生命中第二次车祸，从医院出来时，他已经彻底绝望——一个下肢瘫痪的废男人还能干什么呢？

麦吉开始吸毒，醉生梦死，可是这不能拯救他。一个寂静的夜晚，痛苦的麦吉坐着轮椅来到阿里道，望着眼前宽阔的公路，忽然想起自己曾在这里跑过马拉松。前路还远，他就这样把自己放逐？不！他惊醒过来："下肢瘫痪是无法改变的事实，我只能选择好好活下去！我才33岁，还有希望。"

麦吉调整好生命小提琴上的最后一根弦——意志，开始了他的下一步人生。现在，他正在攻读神学博士学位，并且一直帮助困苦的人，解决各种心理问题，以乐观的笑容，给那些逆境中的人们送去温暖和光明。他用仅余的弦演奏人生乐曲的最美音乐。将来升入天堂，天使必将亲自迎接——麦吉作了最大的努力，无愧于人生。


生米已经煮成熟饭，再去悔恨以前，懊恼失去，一点益处都没有，唯一明智的办法是，如何妥善处理后面的事情，别让事情弄得更糟糕。泼出去的水是收不回来的，已刻成舟的木头是无法恢复原状的，知道了这些简单的道理，就能心平气和地处理遗留问题。

木已成舟的事，我们无法挽回；但当我们停止抱怨，改变心态，我们的世界不也可以借着这个机会改变吗？当我们让它顺其自然地过去时，我们会发现我们拥有了变坏事为好事，变沮丧为快乐的特殊能力了。

## 第三章

# 为什么我们只喜欢第一名

## ——允许自己处于 0.8 中上游位置

　　珠穆朗玛只有一座，但其他的高山一样巍峨；太平洋只有一个，但其他的海洋一样辽阔；第一名只有一个，但其他人同样可以很优秀。做不成第一的时候，不要强求，给自己的第一名梦想打个八折，不是很好吗？拥有一种豁达的态度，那么每个人都是第一名。

## 第二名也是成功

我们从小就被教育着，凡事要努力地去做，要去争取做成最好的那一个，考试要争第一，比赛要争第一……但我们是否想过，第一永远只能有一个，而不会每次那一个都刚好是你；当你拼劲努力，最终都没有实现第一，和它差一步之遥的时候，你就是一个彻头彻尾的失败者吗？

静下心来，我们应该好好想想，为什么要做第一呢，第二名不也是一个很好的成绩吗？你会说："可是我只差那么一点，差那么一点就达到了。"但有的时候这一点点的差距却是不可弥补的。如果我们努力过，可是最终没有实现第一，那么安心地做第二名难道就不好吗？而且第二名不会时刻处在风口浪尖上，可以安安心心做自己的事情。第二名可以活得自在一点。

几年前，当时的当当网只有很小的市场份额，但他们的服务做得很好。快递很及时，书也包装得非常仔细。在其他网站都互相竞争着拓展自己业务、搞多元化服务的时候，当当网只专注做好自己的图书业务，使之成为国内网友购书的首选网站。几年过去了，当年那些搞多元化的企业在竞争中大多烟消云散，不知所踪。而今天，再让我们看一看当当网，它以图书为主打，稳固自己的根据地，慢慢地拓展客户人群，现在它已经在分淘宝的奶酪。

当当网的CEO余渝说："商场，就是互相促动奶酪的地方，原动力是为顾客创造价值和服务。而在这个竞争激烈的商圈里，商家所能提供的价值和服务是永远没有极限和最好的，与其和其他网站互相攀比着提高服务，变换花样去争取市场的头把交椅，还不如退下来安心地做好自己的特色。我想起自己曾经听说过的一句话，努力做第二。我们为什么要去争做第一呢，第二名不会时刻处在风口浪尖上啊，可以安安心心专注做自己的事情啊。"

余渝的话语中饱含着她对于成功的不同见解，它也充分体现了乐于做第二名的睿智。第二名并非一种小富即安的不思进取，而是一种随遇而安的从容心态。

一个运动员曾说："我知道也许我永远无法超越那些世界冠军，永远不能攀登上体育的顶峰，但没有我这样的第二名的衬托，如何能体现出第一名的不同呢？再说只要我参与其中，就算是第二名，我也会拥有属于我自己的快乐。"在这样勇做第二名的参与中，也许没有鲜花与掌声，有的或许只是他人的不屑一顾和随之而来的寂寞时光，但这种从容却不也正是一个运动员走向成熟的标志吗。

一位前几年还一心想向厂长职位爬的副厂长在前不久的一次聚会中突然对同事大发感慨："还是副厂长好啊！"

原来在他升迁未遂后，短短两年间，他上面的厂长已经换到第四个，而现在的这个，刚来工厂大半年，就住院了。因为这位厂长工作太忙了，经常加班出差，1个月就有20天要在办公室和酒店中过夜，从来没按时吃过饭，而且经常几个月不回家，闹得夫妻关系也经常出现问题。

而让这位副厂长得意的不仅仅因为他副职的位子坐得牢固，而且还因为他如今把自己的生活搞得非常舒适："白天如果不开什么会，我就在网上和一些朋友讨论点书画心得，现在我的书法水平已经能端上台面喽；而每周末就和大学同学聚聚会，踢踢球，运动运动，风雨无阻；到了晚上还可以和我儿子一起打电脑游戏，我真不明白现在有些家庭一再苦恼的代沟是什么……"

尽管他话中的生活听上去的确比常年辛苦工作，最后住进医院更让人羡慕，但还是容易给人一种吃不到葡萄就说葡萄是酸的之类的感觉。

但他却表示自己是真真正正很享受现在的生活。原来历经了四任厂长的更替后，他突然发现，自己对就任厂长这个职位并没有做好充足准备，没有准备好牺牲那么多私人时间，放弃那么多个人爱好，玩弄那么多心术和权谋……既然做不到，那何不安安心心地享受现在这个落于人后的副职呢？

换句话说，他对厂长这个职位的欲望，并不比他对自由自在生活的欲望多。所以对他来说，第二名比第一名更自在。

从那个厂长的故事中，我们应该得到了一些关于生活的启发。很多时候我们看着前面的第一名确实会产生羡慕嫉妒的心理，但如果我们的能力并不足以让我们超越或者取代他们，那与其费尽心力地逼自己去努力实现那几乎不可能实现的妄想，还不如放低心态，安安稳稳地做一个第二。也许第二的生活比第一的还要快乐呢？

## 人比人得死，货比货得扔

"人比人得死，货比货得扔"是一句古话，它是叫人们不要去和别人作那些不必要的比较。但有些人却总是陷入这句话的另一面无法自已，他们总是在想为什么我做不到他人那样呢，为什么我没有他人拥有的那些呢？他们在这样无谓的苦恼中，将生活引入了无趣当中。

我们在日常生活中经常看到这样的例子。本来夫妻俩生活得安详自在，可突然某一天妻子对丈夫说："你看人家隔壁邻居的谁谁谁，买好车买新房，哪像你这样，一个月就挣个三瓜俩枣，还不及人家加油的钱多！"

丈夫听到自然脸上挂不住，尽管当时不一定言语，但心中肯定会觉得大不痛快。用不了多久，丈夫一定会怒气冲冲地回骂道："你要是那么想吃好的喝好的，那你就干脆去和谁谁谁过算了。"

妻子随便一句比较的话，让丈夫的自尊心受到极大的伤害。由此，妻子在丈夫心目中贤惠的印象也减掉不少得分，一场家庭纠纷也就不可避免了。

其实生活中还常有这样的情况，有的女人羡慕别人的丈夫温柔体贴或者能够挣钱；有的男人羡慕别人的妻子勤劳简朴或者体面漂亮。有的孩子羡慕别人的家长有权有势；有的家长却羡慕别人的孩子聪明可爱。

其实幸福的家庭，家家有各自快乐的东西，然而无论这个家庭是多么幸福快乐，也总有挥之不去的缺憾，只是我们不在其中的人无法知晓罢了。

有人将人生相容看作加减法，其中有得必有失。而人与人的人生是不可比的。请问，爱好篮球的你会和姚明去比身高吗？爱好足球的你会去和贝利比技术吗？自主创业的你会去和比尔·盖茨比财富吗？醉心科学的你会去和斯蒂芬·霍金教授比智慧吗？

朋友，不要去作无谓的比较，因为比较它没有止境，没有标准。如果硬要比较的话，你永远都是吃亏的一方，因为在比较时我们常常是拿自己的短处去找别人的长处，而忽视了自己的长处。身在福中不知福说的就是这种情况啊。要想心境平安的话，就不要去比较。

很小的时候，我们便听老人念叨一句俗话，叫知足者常乐。可是，我们既然生活在这个人与人构成的社会当中，就难免碰到要和他人相比较的情况。而比较的内容，大致也就只是谁的成就更大、谁挣的钱更多，谁的社会地位更高、谁的孩子更聪明漂亮……特别在同学、同事聚会之时，不用刻意地去想，这种比较会自然地在大家之间暗暗地进行。而在比较之后，个人又难免要生出种种感慨来。

与比自己差的人相比，当然可以得到心理安慰，甚至还可以由此产生出一种优越感来；但与比自己好的相比，很少有人不会产生出一种自卑和惭愧，甚至因此走向抑郁……

但你可曾想过，人和人是有差距的，自古以来就是这样的，我们又何必强迫自己呢？要学会知足，不要想过多，要找到自己的活着的价值，不是吗？

如果每个人都想当国家元首，我们这个社会还会稳定吗；如果每个人都要当公司的老板，那生产又由谁来做呢？

哲人总是问人为什么活着。这句话问得好。人人都是有梦想的，向着你的理想奋斗不是很好吗？慢慢的，你也会有自己的成功，而当你留恋这个成功的时候，你也就明白真正的生活，它不是一味地去羡慕嫉妒别人，而是享受自己所拥有的。

## 允许某些方面别人比自己优秀

我们生活在人与人的社会中，免不了要和人交流，而周围的人中又免不了碰到一些优于我们的人。对于比我们更加优秀的人，我们应该如何去对待呢？很多人选择视而不见，默默自卑，甚至会因此产生嫉妒和恨，但这都是不健康的表现。

因为看到别人优秀，这也是一次重新审视我们自己的机会。我们正是接受了别人优秀的事实，才知道了自己的缺点在哪儿。如果我们一味地对优秀的人排斥嫉妒，那么只是一叶障目；或者自己来个全盘否定，那日后就会走上抑郁的极端。我们的不幸，便是这样产生了。而当我们坦然接受优胜者，并且仔细分析自己不如他人的原因，对于自己还不尽如人意的地方会谦虚地向优秀者学习，走上进步之路，那么我们离优秀也就不远了。

又到一年毕业时，伴随着毕业晚会的临近，曾经的"新"同学也即将变成"老"同学，而此时的"老"同学则即将成为明天的毕业生。四年的时间匆匆而过，然而那些优秀的人却总是会被人们无意提起。在人们心中，留下的早已不只是一个名字而已，更多的是一种精神，一种品德。

赵芳同学是北京某大学国际交流学院06级工商管理专业的学生，即将步入大四的她却没有其他学生的紧张，一副活泼、开朗、自信的样子，让人不禁觉得亲切起来。在学校里，赵芳不单单是一名普通学生，在众多老师和同学的眼中她更是一名优秀的学生干部。当年刚刚进入大学的赵芳却并不是这个样子的。

赵芳来自一个南方的偏远山村，在出来上大学之前，她去过最远的地方只是她们的县城。她的家庭条件很差，为了供她上大学，父母亲除了在地里辛勤的劳作之外，还不得出外去打工。她在进入大学之前甚至没有见过电脑是什么样子的。

在刚刚进入学校的时候，突然来到北京这个中国最大都市的她对一切都感到陌生和恐惧。在她看来，周围的每一个同学都要比她优秀，自卑的她不敢和人交流，从来都是一个人低着头从宿舍到教室，从教室到宿舍。显得无比的孤独和失落。

慢慢的，辅导员老师发现了她这个问题，于是便找她谈话。在明白了事情的根源之后，辅导员教育她要试着和别的同学接触，比不上别的同学并不能成为她自卑的理由，因为在生活中本来就是会遇到各种各样比自己更优秀的人的，要正确克服自己心里自卑或者嫉妒的不良心态，这样才能让自己变得更优秀。

这样，赵芳开始慢慢地试着和同学交流，刚开始是同宿舍的，再后来是同班同学、同系同学、老师，赵芳慢慢地学会了容忍别人的优秀。在外人的眼中，她的变化简直就是翻天覆地的。

再后来，赶上了学生会重建工作，她顺利成为元老之一。无论在工作和学习生活中，她都勇于和那些比她更优秀的人在一起，不断地向别人学习。慢慢在同学眼里使自己也变成了优秀的人。

赵芳说："并不是每个人天生都具有所有优秀的品质。与天生的品质相比，人更重要的是懂得了如何去了解和适应他人。在校园中，人人都有自己比他人优秀的一面，只有不断地向身边那些比自己更加优秀的人学习，才能不断充实和提高自己。"

孔子曰："三人行，必有吾师焉。"在日常生活中遇到比自己更优秀的人，那是再正常不过的事情了。试想，一个人无论有多优秀，也不可能在各方面都是完美的吧。神通广大的多啦A梦不也被老鼠吓得半死吗？

但许多人看不明白这一点，在周围的人中一旦碰到比自己还要优秀的人，就会觉得别人使自己暗淡了，是自己生活中的不幸；但却没有想过，在周围的人中，碰到了比自己更优秀的，其实是一件无比幸运的事。

面对比我们优秀的人，我们接受事实，这正是对自己心态的一次磨炼。对待周围更优秀的人，我们最容易引起的心理疾病就是嫉妒。优秀者的优秀之处，宛若一团火，一不小心就会引爆嫉妒的捻子。面对这种情况，我们就要告诉自己，我们自己并非心中想象和定位的那么优秀，我们还有很多不如别人的地方，现实情况和自我认识之间存在着可能无法改变的差距。我们所应该做的就是对自己的心态加以调整，而不要由此酝酿出困扰社会的"红眼病"来。

而且和优秀的人相处，这会是一个全面提升自己的起点。任何事实都是在不断发生变化。有的人总是沉浸在孤芳自赏、自我夸耀中，殊不知，在人人都在前进的道路上，你总是看不到别人的好处，这本身就是一种退步；更有甚者，还会做别人的绊脚石，以此来证明自己的"能力"。而明智的人则深知"择善而从"的道理，会把认识优秀的人当做是自己人生的一个新起点。他们在良师益友中取长补短，最终让自己成为更优秀的人。

朋友，理智地去看待周围那些比你优秀的人，争取从他们身上学到你所不具有的优点，有一天，你就会和他们一样优秀的。如果你周围的每个人都是不如你的，那才是你人生的莫大失败呢！

## 在羡慕别人的同时，你也是别人眼里的风景

我国一位大文人卞之琳先生曾写过一首诗：

你站在桥上看风景，
看风景的人在楼上看你。
明月装饰了你的窗子，
你装饰了别人的梦。

有的时候，我们总是会盲目地羡慕别人的生活、别人的处境，却忘了享受属于我们自己的东西。

比如我们总是为别人拥有高瓴堂屋而羡慕不已，却总是忽略了自己的独门小院也可以遮风避雨。我们总是喜欢拿自己生活中不甚圆满的部分去和他人好的地方比较，却不知道，那住在大屋中的人家还在羡慕我

们这种独门小院的人家没那么多乱七八糟的宅门恩怨呢！

有时候，当我们错过了或者失去了什么的时候，我们总是羡慕别人能够赶上、能够取得，由此常常失去自己的悠然与平衡，变成一个心里充满了戾气和酸气的人。但实际上，别人的得到可能也并不如我们想象中的幸福无忧。而我们如果能够正确对待自己的际遇，甚至可能成为别人羡慕的对象呢！

赛义德曾经是埃及的一位政府中级官员，30岁刚出头的他就做了亚历山大市的副市长，前程可谓一片锦绣。可是就在他即将飞黄腾达的时候，他主管的城市片区却发生了一场大火灾。虽然市政府采取措施，有力地进行了救援和善后，但由于损失巨大，作为主管市长的他还是被免职，那年他只有37岁。

离职退位后，赛义德回到他生长的乡村，他不再试着找机会以图东山再起，而是过起了和平民百姓一样的生活，他在自家菜园里种菜、施肥、捉虫，没事的时候，他就走村串巷，收集一些民间工艺品作为自己的爱好。很多人为赛义德惋惜，可是他却自得其乐，一点都不怀念往日的富贵，更不去羡慕过去那些朋友的有权有势的生活。

由于他的知识和才能，他很快就在收藏上有了很大成就，竟然收集到了几十件世界顶级的民间珍宝，令人叹为观止。有记者问赛义德："你怎么会在收藏上有这么大的成就？"他回答说："因为我过得十分简单，从不盲从地去羡慕别人。清静的生活让我可以一心一意地鉴别陶器。"

不去羡慕别人的生活，让赛义德不但摆脱了烦恼，也把收藏做到了极致。生活中常常造成我们困扰让我们感到不安的，往往并不是我们自己生活的如何，而是我们偏偏要盲目去羡慕和模仿别人的生活和别人的模式。

宋代僧人释道原有句话非常好："如人饮水，冷暖自知。"我们的生活不也恰恰如此吗？你羡慕别人的同时，可曾想过别人也有你不愿承担的烦恼。你的生活也许简单乏味，但也可能正是你羡慕的对象想要拥有的。在羡慕他的时候，你可曾想过自己也正成为别人羡慕的对象呢？

钱钟书在《围城》中写道："婚姻就像一座围城，外面的人想进来，里面的人想出去，各自巴望着对方。"芸芸众生，如果都是互相羡慕来羡慕去，那么岂不就是一幅活脱脱的围城图了吗？已婚的人羡慕单身的人的自由与潇洒，单身的人羡慕已婚的人的幸福和温馨，；年轻人羡慕老年人的阅历，老年人羡慕年轻人的青春；普通人羡慕名人的名气与成功，名人羡慕普通人的自由和随意……

每个下班回家的夜晚，当你远远看见自家的窗户透着熟悉的灯光在守候着你；门开处，妻子或丈夫为你接下手中的袋子，为你挂好外衣；你接过来他递给的水，靠在他的身旁和他谈一谈这一天的工作上的事儿，这一切是多么祥和安宁啊。即使没有那些大大的房子、豪华的车子、很多的存款，但这份简单的幸福，不知道正有多少人羡慕你呢！

## 比上不足、比下有余也是福

比较是人们活动的一大特征，我们生在这个人与人社会中，都免不了要和人作出比较，但比较的结果却往往会使我们不大自在。你才高吗？那儿还有王朔呢！你钱多吗？那儿还有李嘉诚呢！你长的漂亮？那儿还有李嘉欣呢！你胃口好？那儿还有李嘉存呢！你人品好？可你感动过中国吗？

世界这么大，无论我们比什么，我们都会发现优于我们的人在前面，这时我们该怎么办呢？自卑沮丧悔？抑或是羡慕嫉妒恨？这两种无论哪种对于我们来说都是不可取的。这时我们不妨想想古人常说的一句话，就是"比上不足，比下有余"。

我们每个人之间都是存在很大差距的。只稍微一比较，差距就无处不在。如果一味比较的话，我们的生活真是苦不堪言。但比较也不能瞬间改变我们的生活啊。在我们努力让生活变好以前，我们不妨采取一些方法来缓和一下自己的压力。

这时我们只需要向下看一看，世界上甚至还有那么多人挣扎在贫困线以下，每天一睁眼都为一日三餐而发愁呢。

向上比，我们找不到平衡，向下比，却让我们又找回了失去的平衡。对于那些无力改变生活状况的寻常百姓而言，向上和向下的对比真的是相辅相成、缺一不可的啊。

在普通人的眼中，老师应该比一般人来得有耐心。对待学生，做老师的张女士应该也算得上比较耐心，但是对自己的孩子，因为优秀的孩子见得多了，总会不自觉地拿自家孩子跟别人作比较，尽管她知道每个孩子都是独一无二的，但是肯定潜意识中一定会去比。当她家的小孩执拗时，哭哭闹闹地只等她去安慰的时候，她大多都会没有耐心，甚至会越看越不顺眼，觉得自己的孩子缺点多得数不清楚。

但有一次，遇到的两个小孩子，和她家小孩一般大，对她的触动很大。她一直觉得她家小孩的脾气很臭，再臭的似乎没有了，也一直不满足她家小孩的表现，觉得很多时候都让人失望，但是这次遇到的两个小孩的表现，让她觉得真应该知足啊。

一个是一起学琴的小男孩，老师请他上去弹琴，他不想上去，不管老师家长怎么劝都没用，就一直擎在那里。有个家长安慰他，没用。有个家长说你再这样老师要生气了，他居然举起手来打在这个家长身上。

还有一个小孩儿在外公家玩，想喝酸酸乳，小孩儿已经喝了不少，外公只好出去买了两包，给他和妹妹一人一包。谁知这个小男孩儿一把夺过两包，其中一包是妹妹已经喝过的，妹妹想拿回来，小男孩儿哇哇大叫着，把两包酸酸乳重重地甩在妹妹的脚边。

脾气臭的不只是张老师家一个，现在的孩子都是独生子女，被家里娇生惯养，难免都有脾气。但我们不要总是觉得自己的孩子脾气最坏，总拿一些条条框框去对照，任性、没耐心……不要老是把这些标签扣在孩子头上。

比上不足，比下有余。如果能经常这样提醒自己，以一颗平常心对待孩子，在孩子使坏时，想到的不是好孩子，而是很多孩子都会这样，甚至更标，我们就一定会更有耐心的，潜移默化中，就更倾向采取疏导而不是对孩子粗暴教育，或者放之任之了。

比上不足，比下有余，最难掌握的就是比较的尺度。向上比的"不足"太多，轻者难免自怨自艾、妄自菲薄，重则可能自暴自弃，终日沉浸在一种凡事不如意的烦恼中不能自拔。向下比的"有余"太多也未必是什么好事，要么会安于现状不思进取，要么会自鸣得意、夜郎自大。但只要掌握好这"不足"和"有余"之间的平衡，那就会让我们的生活少了很多烦恼。

比上不足的好处在于向上比可以知不足，找到差距之后，才能鼓舞斗志奋发图强，让人不会原地踏步自我满足。比下有余的好处在于可以获得更加明确的成就感，认清自己所取得的成绩，品尝成功所带来的喜悦。

比上不足，比下有余本是一种中庸的人生态度，这种心理能让你在不知不觉的比较中缓解生活的压力，是自我调节的一种好方式。

在现实中，真正明智的人不会把自己放到众人之中盲目比较，自寻烦恼。因为他们明白，人与人之间固然存在差距，但人们所面临的生活本身就千差万别，跟情况完全不同的人比较完全就是自寻烦恼。如果比较实在无可避免，真正达观的人生应该在比较中寻求一种平衡，应该对自己有一个准确的判断，明确自己的位置，努力做好自己的人生，而不把目光更多地转向别人身上。

## 顺其自然，不强求自己

在生活中，我们总要单独去面对、承担一些事情，这些事情我们固然希望取得我们所希望的结果，但世事总不会尽如人愿，既然我们能够拥有成功的喜悦，那么我们就难免面对失败的痛苦。

对此，我们很多人的内心其实都有一个不容许自己失败的要求。你不允许自己失败，内心就会带来无尽的压力。这样即使你对一件事已经有了十足的把握，只要有这种心态作祟，内心就会一直觉得很紧张，使反而能够成功的事儿走向失败。

有一次，一所中学组织一场学生才艺表演比赛。有一个女孩儿，看得出表演很用心，但还是不幸被淘汰出局了。女孩儿在台上哭得很伤心，尽管主持人想尽了一切鼓励的话语来安慰她，小女孩儿还是不停地哽咽着，然后非常不情愿地转身下台了。

后来在后台，老师看到了躲在角落里的那个女孩儿。这位表演失败的女孩儿情绪很激动，在那里不停地颤抖，嘴里叨念着什么。老师因为离得远，听不真切。她或许是在责怪自己表演不成功，没有发挥出水平；也许是嫌自己当着那么多人痛哭流泪，太丢人。女孩儿耷拉着脑袋，哭红的眼里闪着泪花。

看着女孩儿让人心疼的样子，老师不由得扼腕叹息。她说，以她了解的这个女孩儿的水平，进入决赛是一点问题都没有的；可能是女孩儿一开始对自己的期望太高了，根本不允许自己失败，这样背上了沉重的心理包袱，而发挥失常了。

现在都是独生子女家庭，一个孩子寄托着家里全部的希望，所以家长要求孩子事事只能成功，不许失败，这样就让孩子也从小养成一种强求自己凡事都要成功的心态，这种心情可以理解。但是，人生在世，不可能做什么事都一帆风顺。如果一再要求自己什么事都不许失败，那最后的结果往往只能是什么事都做不成。

现在我们从小接受的一些教育，就是诸如："如果你不好好地学习你就不会上大学。如果你上不好大学你就没有好的工作，没有好的工作你就会什么都没有了。"

这是一个非常愚蠢的价值观。如果你用一个标准来衡量个人的话，第一名永远只有一个。其他的人怎么办？试问，我们和刘翔比有谁不是蜗牛呢？

凡做过的事，就要事事苛求成功，这样的话，你可能就会忽略自己原来应该是什么样的，适合什么样的生活。

允许失败，尤其是做自己从未做过的事的时候，因为无论是科技创新，或者服务创新，都不可能一蹴而就，其间失败简直就是必然的产物。而我们应该牢记"失败是成功之母"，从失败中吸取了经验教训，是为通往成功奠定了基础。曾经有个名叫606的药品，药品的得名是因为它是经过了606次实验才获得成功的，如果不经过前面605次的失败，就没有最后的成功。

传统观念往往只允许成功，不允许失败，"成则为王，败则为寇"这种调子说了几千年。但如果一味地只许成功不准失败的话，那还有谁敢去努力啊！这会使我们在工作与生活中急于求成，人云亦云，安于平庸。

所以，允许自己失败，无论是在工作中抑或是在生活中，都能给自已带来一种宽松的心情。这样，即使没有成功，我们仍可以静下心来总结失败所带来的积极东西，而不是为之不停地懊恼。

## 幸福感来自横向比较，学会给自己的心找点平衡

有的时候，我们久病初愈，从医院里走出来，面对洒满全身的温暖阳光，走在蔚蓝的天空下，望着一片片新芽的嫩草，在一碧如洗的晴空映照下熠熠生辉，这时想起前一段长时间还不得不困在病床上辗转无力，心中不由自主地涌起一股幸福感：有一个健康的身体，能经常晒晒太阳，呼吸呼吸新鲜空气，这是一件多么幸福的事情啊！

有的时候，我们看见一个衣衫褴褛的乞丐背着一袋子破铜烂铁锅碗瓢盆和铺盖卷在车水马龙的城市街道上踉跄前行，我们不需要知道他从哪里来，我们不知道他要去哪里，我们也不知道他曾经经历过什么。但看到他时，我们是否会从眼前这看似平庸甚至都有些乏味的朝九晚五的生活中，体会到一些幸福感呢？

罗伊·马丁纳博士是一位另类的医学专家，他主攻的是如何通过情绪平衡心理来使患者摆脱抑郁和困扰。马丁纳博士毕业于乌特勒克大学，原本主攻主流西医，之所以后来选择这个行业，还有一段小小的插曲。

博士在离开学校后开始在主流医学方面就业，凭借着熟练的医学技术和扎实的基础，博士很快就把职业做得有声有色。但不久后博士发现一个奇怪的现象，他的病人中很多都是同一种病的持续患者，也就是当他们身体有什么疾病后，博士可以帮他们做到很好的医治，但没过多久，这种病患就又重回到了他们身上。

比如一位偏头痛患者几乎每周都要来到博士的诊所就诊。有一次，博士禁不住问他："我对我自己的医疗水平是有信心的，但每次你痊愈之后不到一周就又会犯病，我可以知道这到底是为什么吗？"

病人一时愣住了，因为以前从没有医生问过他这个问题，他支支吾吾的也说不出原因。

但博士在接下来和他的交谈中，了解到，他是一位金融公司的投资操盘手，公司的竞争氛围很严重，工作压力非常大，而且他还要面对着一群似乎根本就不知道疲倦的成功同事，为了不显得比他们差，他只好每天加班，甚至牺牲休假来工作……

博士似乎明白了事情的原因。为了根治这位患者，博士发明了一套控制心理的技巧，控制患者让他不要强迫自己去作那些无谓的比较，更多地找寻自己和周围人的平衡点。最终那位患者的偏头痛被根治了。

在此过程中博士还发现，持续练习情绪平衡技巧，将使你学会以不压抑的方式，辨识、认知、接纳并协调你的情绪，成为情绪的主人。你的生活将变得更轻松平顺，开始吸引不同类型的人，并创造新的人生情境。

对普通百姓而言，幸福指数就是幸福的感受，很具体，但因年龄的不同带有不确定性。以个人而论，在你小的时候家长从外地出差回来带来一个本地没有的玩具，让你能够在小朋友面前炫耀，这就足够让你幸福了好长一段时间；而当你大学毕业，顺利签约了公司的时候，和同伴那些还在为求职而发愁的人相比，你又会觉得很幸福；当你到了谈婚论嫁的年龄，能够和心爱的姑娘一起步入婚姻殿堂，想想那些有情人却不成眷属，你也觉得自己是世界上最幸福的人；现在，在这个动荡浮躁的社会，能有一个安详宁静的家庭环境，和无数人相比，你不也是幸福的吗？

而从事不同的职业所拥有的幸福感更是千差万别。政府官员的幸福感来自于获得民众和上级认可的政绩；企业老板的幸福是公司利润的上升；股民的幸福是碰上百年难遇的牛市；对农民工而言，春节前能领到一年的血汗钱，就是最大的幸福了。政府官员不会费心去和农民工比较幸福，企业老板也不会去和股民比较。幸福更多来自于你和周围、昨天和今天的类比。

在电影《求求你，表扬我》中，范伟的一段台词对幸福二字的诠释非常到位："幸福就是你饿了，别人手里拿着一个肉包子，而你没有，他就比你幸福；幸福就是你渴了，别人手里有一杯水，而你没有，他就比你幸福；幸福就是你想上厕所，别人占着一个茅坑，而你没有，他就比你幸福。"

有报纸就曾披露，据他们调查：农村人比城里人更容易感到幸福，生活在空气污染指数低的城市的居民相对幸福，这表明就一般人而言，幸福感更多地来自于较小的贫富差距，舒适的生存环境，而不是金钱。

关注自己的幸福感，更多是要关注自己的内心感受，关注我们生活的根本目标——追求幸福。我们或许曾经只片面地追求收入，但却忽略了与他人之间各方面的差距正在进一步拉大。等我们收入已经抬高到了一个我们相对满意的层面，才发现，我们的身体早就不如别人，家庭也不如别人和谐……如上所述，不幸福的根源并不是自己本身离目标有多远，而是来自于和他人横向比较所产生的差距。

因此，尽管幸福感因人而异，但如果我们暂时无力改变现在，那么我们的幸福感应该主要着眼于自己和周围他人的横向比较。对于那些牙疼的人，我们这些牙不疼的人就是最幸福的！

## 伪装的幸福，冷暖自知

伪装和"演戏"是随我们年龄增长而无师自通的一课。但说实话，其实这样挺累。但我们一想到要让别人知道自己的内心，这就好像是赤裸裸地站在车水马龙的十字路口，无比的尴尬，无比的难为情。

因此有些人遇到了挫折和失败，总会说无所谓。他们认为伪装能更好地自我保护，但真的是这样吗？如果你总是把软弱的一面躲在厚厚的伪装里面的话，那么坚强什么时候能够到来呢？

孙小姐在1999年认识了她的前夫小王，刚开始的时候，互相交往的挺不错的，觉得对方很体贴，就开始谈恋爱，慢慢地觉得互相很适合，就结婚了。

结婚之后，小王开始变化，一点都不知道心疼别人。坐月子时，孙小姐的妈妈每天白天来照顾，晚上回家。小王因为工作忙，根本就不管她。孩子爱在晚上哭闹，一整夜她得不停地起来给孩子换尿布、喂奶，但小王却不管。有时候她想让他帮忙，他烦起来就跟她吵，最后干脆分房。坐月子时，他们就是这样吵过来的。

但孙妈妈却一点也不知情。他们晚上吵，白天就装得没事一样。她是一个好强又要面子的人，从不把他们的矛盾说给外人听，哪怕是自己的父母。她知道爸妈对小王印象一直不好，所以她在他们面前总是说小王的优点。

吵多了就发展到动手。有天，小王在外应酬喝醉了，为了这事，他们就能吵两天。最后他们都提出了离婚，但就是说说，也没谈出个名堂。

有一天，他有事要去单位，她就拉着不让他走，非要跟他说清楚。他见她硬是不放人，就打她的头，还重重地扇了她一耳光。

那一次，孙小姐的耳膜被他打破了，好几天听不到声音。但是在医院里，她还告诉医生是她自己不小心撞的。

从那以后，打架就更多起来。一不顺心两人就扭打起来。他总是勒她脖子，抓着她头发往墙上撞，打她耳光。她当然也还手，但从不打他的脸。打完架，出了门，他们还装着没事一样。

所以他们打架，只是他们两人知道。单位里的人或者朋友甚至父母都从不知道。在别人的眼里，他们还是很幸福的一对。

结婚前的小王还蛮勤快的，结婚后就变了个人，什么事也不做，所有的家务活都是孙小姐的。有时候她很累，说他两句，他反倒嘲讽她，说不就是两个人的饭，两个人的碗吗？扫扫地、抹抹桌子，有什么重活呢？

终于到最后，孙小姐跟小王吵了一架，很厉害。那一次，当他当着她的家人的面骂她，可想而知，孙小姐的父母会难过成什么样子。

这让她特别伤心，也让她铁了心要跟他离婚。她把跟小王的矛盾都告诉了爸妈。妈妈伤心地问她："我们这么大一家人，你就让他打你，你为什么不告诉我们？"孙小姐哭着说："我要是告诉你们了，你们会心疼的。我自己的婚姻，我不想让别人知道。"小王见孙小姐动真格的，慌了手脚，发动她所有的朋友、亲戚来劝她。而她的朋友甚至很惊讶地问她为什么要跟小王离婚。因为在他们眼里，他们一直是很恩爱的。直到她把真相说出来，他们才明白事情的真相。

我们有的时候实在不明白，有些人为什么要逼自己装作很幸福的样子。也许他们是出于炫耀，也许他们是出于自我保护，但与其这样痛苦地伪装，何不脱下外壳给人露出一个你的普普通通、真真实实的生活呢？

也许每个人本都不想刻意地去伪装，都想活出个真我风采，自由地去呼吸，但残酷的现实生活不得不迫使人披上伪装，戴上面具，去达到自己各种各样的目的，生活中有着太多太多这样的例子。

但不管是有意还是无心，人都应该去敞开心灵、适应生活，如果某一天，人都不再伪装的时候，世界也就将会变得更加透明，而所有的一切都会无比自然。

## 打肿脸充胖子才真的没面子

虚荣心是人类一种普遍的心理状态，无论古今中外，无论男女老少，穷者有之，富贵者亦有之。虚荣心又是一种扭曲的自尊心，是自尊心的过分表现，是一种追求虚表的性格缺陷，是人们为了取得荣誉和引起普遍的注意而表现出来的一种不正常的社会情感。虚荣心表现在行为上，主要是盲目攀比，好大喜功，过分看重别人的评价，自我表现欲太强，有强烈的嫉妒心，因此产生打肿脸充胖子等愚蠢行为。

但当这种打肿脸充胖子的变态追求行为被普遍化了之后，它会使社会形成不务实的浮夸之风，使个人丧失生活的基本准则，从而陷入钩心斗角之中。因为一个人的虚荣心和另一个人的虚荣心是不能共存的，最后只能互相伤害，落得个两败俱伤。这样可笑的故事真是不胜枚举。

情景喜剧《武林外传》中有这么一段，佟湘玉幼时玩伴韩娟带着一个老仆人突然来到同福客栈。佟湘玉与韩娟从小就喜欢互相攀比，此时韩娟已经嫁入豪门，言语间带着一股股的嚣张之气。不服输的佟湘玉被激得虚荣心大起，打肿脸充胖子，拖上客栈众人，跟韩娟死磕到底。

而佟掌柜与韩娟攀比几个回合后，财力不支，败下阵来，正绝望时，却赫然发现原来韩娟也是在打肿脸充胖子，那个同行的口吃老仆人老何竟然就是韩娟的老公。于是抓住韩娟把柄的佟湘玉决定就此进行反击。虽然韩娟在佟湘玉精心设计的酒席上没吃到亏，但最后莫小贝的一句话却导致老何对韩娟翻脸，让她差点铸成大错。

而现实生活中，有时候我们也能遇到这样的事儿。在公交地铁上一对看似认识又不怎么经常联系的女人相遇了，各自聊着自己的家庭和生活。这个说自己的老公多么多么能干，多么多么体贴，收入高出他们这个年龄段很多；那个说她的家庭多么多么幸福，孩子多么多么聪明、有出息……聊着聊着，公交到站，两人分道扬镳，各自去挤下一班地铁去了……

有的时候，人们打肿脸充胖子更多是想显示自己好于他人，最起码是不次于他人。但个人的生活如何，冷暖自知。在人前的伪装就真的能够改变人后的窘境吗？

而有的人有的时候在人前打肿脸充胖子却是由于更加愚蠢的虚荣心，可他们在满足自己虚荣心的同时，却没有考虑到自己的实际情况，一味地打肿脸充胖子，结果搬起石头砸自己的脚，不但会害了自己，甚至会连累他人。

被称做是一部"现代房奴奋斗史"的电视剧《蜗居》在电视台热播，剧中女主角海萍买房供房的经历引起了很多背负房贷的年轻人的共鸣。剧中人海萍想一步到位买个大房子，但却没考虑自己的经济承受能力，只图住着舒服，在别人面前有面子，弄得每月大半的收入都用来还贷，成了喘不过气的"蜗牛"，不但与舒适无缘，最终还害了自己和家人。

更有一个调查报告令人惊叹：2010年中国机场免税店和飞机上的

免税奢侈品销售总量达 160 亿欧元，这显示了中国消费者在海外的购买力超强；内地奢侈品销售增长了 30%，并且中国仍是销量增长最快的国家，预计将增长 25%，至 115 亿欧元。这使中国超过日本成为仅次于美国的第二大奢侈品消费国。我们这样一个刚刚走上温饱的发展中国家，却成了奢侈品消费大国，不知道我们应该感到高兴还是应该尴尬。

令人不是滋味的是，在奢侈品消费中，富人并不占有绝对优势的份额，也就是说，奢侈品的消费者在中国的工薪阶层中也大量地存在着。

如果说富人的奢侈消费只是消费观畸形的话，那么相比之下，工薪族奢侈则令人唏嘘。奢侈品并不意味着使用寿命就出奇地长、质量就出奇地好，两万块的 LV 包和两百元的普通包一样，最多用两三年就得换。富人换得起，工薪族想换还得咬牙。

工薪阶层一味地追求奢侈，用百姓的话说就是打肿脸充胖子，其结果却往往是死要面子活受罪。一些工薪族对奢侈品的放纵，不仅改变不了生活状态、社会评价，却反使生活因为奢侈品的介入而乱了方寸，不得不压缩其他方面的开支。

社会的财富，正处在一个变动时期，人们会产生一定的心理躁动也是必然。但越是这种时候，我们越是要对自己有一个理性、健康的认识，尽快把正确的价值观建树起来。这样，在我们人生的旅途上才可能少付出一些代价，多收获一些愉快。

## 这山望着那山高，终究一无所得

当我们攀上一座山峰，在俯瞰脚下满眼壮丽风景的同时，也会看到周围的山峦，这时心里就不免会产生这样的念头："我应该去攀上那些比这座更高的山峰，那里的景色一定比现在看到的景色要美很多。

然而其实真实的情况却可能是当你爬上那座眼里的山峰，你所看到的景色居然和你刚才看到的一模一样。

我们在生活中，经常遇到这样的人：不好好珍惜自己拥有的，却总是望着那些别人的。这些人就常常被这山望着那山高的思维引导，因而作出一些错误的选择，让自己遗憾终生。

李小姐的同学小罗突然打电话给她，说她来个这城市出差，顺便看看她。几年前，在南方同一所大学上学，她们住一个寝室。小罗她长得很漂亮，性格又活泼开朗，不少男生追她。当她们分开的时候，她正在恋爱中。现在想来，她的孩子应该都有好几岁了。

下了班，来到约会的地点，小罗早到了。几年不见，她明显苍老许多，脸上也布满愁容。李小姐刚坐下，她就说："老朋友现在还是单身呢，有优秀的介绍一个。"李小姐一下就愣了，以她的条件，不应该是单身一族的呀！小罗委屈地说，眼看着都要三十了，谁愿当个剩女呀，但一直没有适合的，也不能为了结婚就把自己草草嫁出去吧？

李小姐还记得小罗当时的男友是他们同一年级的，相貌帅气，人也很文静，所有的人都看好他们，怎么就会散了呢？

小罗说，第一个男友，各方面都不错，就是家在农村，所以毕业之后不久，他们就告吹；以后别人又介绍了许多个，但都不是太理想，所以终身大事也就一直拖到今天。

李小姐听过之后五味杂陈，她知道小罗肯定是患上了这山望着那山高的毛病。好几年都挑不好一个对象，真是人家不合适她？说不定是她与人交往中但凡看到更好的就换掉前一个，看到一个更好的就继续换下去，这样一路换下来，什么人也没留住。

与人交往，很多人都或许有过这样的感觉：原来看着对方感觉挺好，怎么在一起了反而不如意了呢？

其实那是因为美由距离而产生。远处的东西，我们看不清楚，看不到细小的瑕疵，当然也就觉得是精致；一旦走近，我们看得清楚了，就会发现可能并不如我们在远处看的美丽，你会发现原来对方也有许多小的瑕疵。

聪明的人会选择容忍和包容。而有些人则会盲目地重新去寻找，但选来选去，人无完人，就会一直深陷在矛盾中。

有人曾有这样的经历，他们因为厌烦都市的纷扰，周末约了几个朋友一起到一个风景优美的深山里去过农家乐，傍晚在一户农民家中住了下来，吃的是农家饭，看的是山野景，满山的鸟啼花香，感觉真是到了世外桃源。

但那些招待他们的山民们却在背后议论他们说，这一群人真是吃饱了撑的，放着大都市的好日子不过，来这穷山沟里瞎快乐。

这就是所处的角度不同了，农民们习惯了优美的自然风光，这在他们眼里再平常不过了，而从电视上、报纸上看到的，遥远的城市是那么的神秘，那么的繁华，因此就对城市格外地向往。他们哪里知道这群城市人每天要过着什么样的日子，因此在他们看来，这些城里人放着令他们羡慕的日子不过，跑过来瞎快乐，不就是脑子进水了吗！

每个人所处的角度是不一样的，因此景物映在每个人的眼中也是千差万别的。

外国曾经有一家杂志对个人的生活满意度作过这样一项调查："如果让你重新选择生活，你会选择过什么样的生活？"一位著名律师说，自己想到山里去开一家旅游旅馆，过宁静的生活；一位事业有成的企业家说，她想开一家按摩院，因为给人按摩是她从小的乐趣；而一位农民则说，他最希望能当上官员，因为这样不会为日常生活而操心。总之回答各种各样，却都反映出一个现实：那就是每个人对自己所处的位置都有着这样或那样的不满意。

有时每个人都觉得自己的生活平淡无奇，而别人的生活都比自己的有趣，这就是犯了一个视角不同的错误。这山望着那山高，这是人类的通病。只不过有些人会安于现状，虽然不满意，仅只是牢骚一下，也就过去了。而有些人就不同，他们将想法付诸行动了，努力地向他们认为的高山爬去，但当他们千辛万苦地爬到梦寐以求的高峰的时候，结果会让他们满意吗？恐怕不会，真实的情况往往却是，他通过努力得到的东西，并不尽如人意，这时他们反而向往起放弃的那些生活来了。

俗话说，人往高处走，水往低处流。人有追求是对的，但一定要看清自己的实力，摆正自己的位置，给自己作一个准确的定位。不要老想着别人风景更好，而忽视了自己风景的独特。人有的时候要相信自己的拥有，也许久而久之反而会发现别处无法企及的愉悦。

所以，当我们站在我们的位置欣赏别人的风景时，心里一定要知道，别人的风景和自己的可能是一样的；而自己的风景在他人的眼中，也可能是一道梦想的风景。学会拥抱自己所拥有的，欣赏自己所得到的，让自己的美景不要总被别人欣赏。

## 第四章

# 为什么我们拥有的总是不够

## ——把你的期望值调至0.8

　　最大的失望来自于太多希望，最大的痛苦和挫折来自于最不切实际的幻想。每个人都想当比尔·盖茨，但聪明人会先从养活自己做起。在没有能力实现的时候，把期望值降至0.8，放松心情，也幸福自己。

# 假设 "等我有钱了……"

在现实中，我们总是对一些还未发生，即将发生的事抱有某种好的期待，希望事情的发展会如我们所预想的一样，但结果却往往不如人愿。

每年6月，高考都是有考生的家庭的头等大事。在考试之前，无论平时孩子学习如何，家长无不对孩子有着极高的期待。但很多时候，孩子限于自身的学习成绩，或者是临场发挥，却并不能取得家长理想中的成绩。于是，每到公布成绩的时候，一些家庭总不免出现孩子哭、大人愁的情况。

其实这种情况是完全可以避免的，试想如果我们在考前就理智地分析家里孩子的学习状况，给他定一个相对低一点的目标，等到成绩出来之后，说不定还会带给我们意想不到的喜悦。

王阿姨的女儿去年参加高考前，她与老公、女儿说起这事，女儿和老公也是希望能考个好的成绩，希望女儿能超常发挥。王阿姨却不然，她说："对超水平发挥，我不想抱太大期望，我不认为咱们会有那么幸运。虽然，总有人会超水平发挥，而我们也确实想女儿能这样，但我更觉得孩子能正常地考出自己的水平就行了。"

王阿姨的老公听了很不高兴，背地里埋怨她没"出息"，净给孩子泄气，就这么点儿期望。

趁此机会，王阿姨好好地开导了老公一下："在生活、学习中固然应该有目标，但不要太理想化。期望值越高，一旦达不到所预期，失望就会越大；反之，我把期望值降低，如果实现了，会很高兴，有成功感。退一步说，一旦实现不了，也不会有太大失望。"

结果女儿考的确实不尽如人意，但有了王阿姨提前的劝导，全家就都没有太在意这个已经过去了的成绩，而是将注意力转移到了女儿的报考志愿上来了。

降低期望值就是提高幸福感。这话说得很对，为什么人们会有失望、失落、失意呢？其实都是因为对自己的期望高出实际，因为希望越大，失望越大。当自己觉得失望的时候，回头想想，其实如果当时要是没给自己定下那么高的希望的话，那么可能对于现实的结果更容易接受些。

如果我们一直以来总是期望着一些事儿能够如何如何，一旦事与愿违，只会落得个心情郁闷。这个时候，我们不妨想想，干嘛要把什么都想得那么好呀，谁又能保证事事做好呢！

其实在生活中，很多的现状是我们无力改变的，有很多的愿望也可能是我们实现不了的。如果不能实现的愿望，我们最好就不要去期待，对未来的要求降低一点，这样我们就能感受到别样的幸福！而如果我们一味地去追求未来的期望，反而容易在现阶段迷失了自己，最后错过了享受已经拥有的幸福，后悔莫及。

有一对原本幸福的恋人，两人是高中的同学。高三时，男孩向女孩表白爱情，说要爱她一辈子，他会通过自己的努力，让她过上公主般的生活。他是那么热情，女孩毫不犹豫地答应了他的爱。

高中毕业，他们俩来到同一座城市读书，毕业后，又一同走进一家公司。经历了这么多年，又有了工作，女孩想，应该结婚了。但男孩却让她再等等。他说两个人刚参加工作，一切都没有基础，等他挣到了钱，有了房子再结婚。

等房子等得很辛苦，但为了两个人的幸福，女孩儿忍耐着。

当他们终于有了自己的房子的时候，女孩再一次提起结婚的事。这时男孩却又说他挣的钱还不够多，让女孩再给他一段时间，等他有个更高的基础，再给她一个更完美的家。

女孩说她其实不需要这些，她只想平平静静和他生活在一起就行。但男孩儿说，他是男人，他必须得为他们将来的幸福着想。这时，女孩很失望，她认为最大的幸福就是和他在一起生活。看着男孩每天拼命地工作，为他们的未来打拼，她感觉非常压抑，最终不得不含着眼泪向男孩提出分手。

有的时候，未来并不一定会按照我们设想的去发展，就算它会按着我们的安排去走，但也会需要很长的时间去实现。而在实现理想的时候，我们是不是偶尔停下来欣赏一下路上的风景呢？

所以，把握好现在，让自己幸福，才是最真实、最现实的事情。凡事有心就行，没必要为了什么远大目标把生命透支到支离残碎。

真正聪明的人，是不会舍近求远，去定什么幸福大目标的，他们随遇而安，让心情放松，享受生活，让自己快乐，也让亲人幸福。

## 百万富翁对自己的现状也不满意

每个人都有理想，谁都有自己喜欢的、梦想的事情，可是当理性遇到了现实，很少有不败下阵来的。这时你该如何去做呢，是去实现它，还是暂且安于现状，让自己冷静冷静？

对于我们的生活，无论从亲人朋友那儿还是从其他途径，我们总是会听到一句话——"不要安于现状"！他们千叮万嘱我们绝不能安于现状，他们不停地告诫我们："蜗牛处于一个变化的时代，生活中的每件事都在迅速地变化着，唯一不变的就是变。如果你总是沉迷于取得的东西，而停止不前，安于现状，最终你将会被这个社会淘汰！"

亲人朋友们的出发点固然是好的，但人们在不断的拼搏过程中，往往忘了停下来歇息一下，这是你所要的生活吗？我们该用同一种标准去衡量所有人吗？难道所谓的成功人士就没有他们的不满吗？

刘先生是一位成功的企业家，他一个人拥有两个郊区的工厂，坐拥千万身家。但无论公司的员工还是工厂的工人，都没怎么见刘先生笑过。他的脸上永远是不展的愁眉，像有什么烦心事一直也解决不了一样。

原来，刘先生最早只是一位普通的工厂工人，在改革开放的年代，看到别人都辞职经商，刘先生也按耐不住心中的激情，加入到南下淘金的热潮。谁知这一下海才知道原来自己是个经商高手，二十年间，从一个身无分文的打工者混出了今天的家业。但由于长时间一心扑在事业上，他忽略了家庭，经常半年半年地不着家，刚开始夫妻俩就因为这问题经常吵架，但刘先生总是不改，终于令老婆对他死心，离他而去。关键是两个人唯一的孩子也选择跟着老婆，现在他想看一次孩子都要经过前妻的同意。

现在，刘先生是越来越有钱，但有再多的钱又有什么用啊，身边连个贴心的亲人都没有。他想再找一个，但他也知道看上他的人更多是为了他的钱才来的，想和老婆复婚，但被前妻一口回绝了，而且由于长时间的劳累，身体也越来越差……

人在一生中，痛苦永远比幸福多。为了瞬间的幸福，我们有时要付出长久的痛苦，因此只有那些在痛苦中体会过的人，才能真正抓住幸福！我们一直在寻求最终的目标后的幸福，但常常忽视了幸福正从我们

第四章　为什么我们拥有的总是不够

身边走过，而抓住这一瞬间的幸福就是安于现状！

佛家说，活在当下！既然我们不可能预测未来会发生什么，那么何不踏踏实实地过好眼前的每一天呢，不为不可预知的事烦恼，这便是幸福。

人们常常不屑于安于现状的人，说他们不思进取，没有改变生活的能力。但安于现状的人并非不思进取，而是看到了物质需求和权力欲望的本质，让它们的去留顺其自然，而自己只是从中得到快乐。真正的安于现状，不是悲欢地对生活充满了厌倦和疲劳，而是善待生活，对每一天的生活都充满了热情，让每一天都过得很充实。

为什么非为那些我们可能永远无法实现的事情去痛苦呢？如果让你和生活在你的理想中的人换一下位置，你可能反而发现，还是原来的好啊，各人有各人的烦恼。如果人不知足，就算百万富翁也会因为不安于现状而失去幸福的。

## 大房子，好车子，就能带给你幸福吗

今天，随着社会的发展，物质也进入空前繁荣的时期。想不受诱惑是不可能的。但要是把那些诱惑看做人生的真谛，把物质当成是幸福的标准，那就是走进误区了。

固然大房子、好车子可以提高人的幸福感，但人的幸福真的仅仅是来自于这些可以为人为创造的物质吗？请看看下面这个例子。

周末，我很意外接到以前朋友的一个电话，邀我礼拜天去她家小聚。

她的名字叫晶，晶是我在原来的公司工作时关系很亲密的一个同事。我们曾经一起工作过很长一段时间，也曾经一起逛街，一起看电影，一起吃路边摊，我们也曾为一件地摊上的衣服与老板大侃半个小时。

只是晶比我好运，她嫁给了一位成功人士，生活在转瞬间发生了天翻地覆的变化：她有了车子和山间的别墅，于是便辞掉了原来的工作，在家里悠闲地做起了全职太太。

而我的先生只是一名普通的公司职员，两口子每日里朝九晚五地兢兢业业，换回的不过是每月几千元工资，自己要吃饭穿衣，还要抚养孩子，要照顾两家老人，最近又赶上通货膨胀，便更显得捉襟见肘了。

看看她，想想自己，真是有天壤之别啊。所以面对她诚恳的邀请，我不知如何面对。现如今我们在一起还能说什么呢？说我柴米油盐精打细算的生活？这些，置身于临湖别墅里的晶如何能体会？既然没有可以引起我们共鸣的话题，那么我的赴约就是欣赏她的幸福了，可是如果不赴约，反倒显出我的小气和在意，那也是我不愿意让晶感觉到的。电话里我和晶故作轻松地开玩笑："我一定去！好好看看你的幸福生活，这对我的心理素质可是一个严峻的考验喔！"

晶的家一如我想象中的宽敞和奢华，有专门的佣人和厨师，餐桌上各种各样的菜肴，有些竟是我未曾尝过的。晶将一盘"宫保鸡丁"摆到我面前："喏，记得你最爱吃这个，特地让厨师给你做的。"难为她能记得这么清楚。一盘普通的"宫保鸡丁"在一桌子精致的菜肴中，显得很突兀，就像我置身于晶华丽的家中，显得那么寒酸。

餐桌旁佣人侍立，我和晶没有空间可以说一说各自婚后的情形，直到吃完饭，晶才迫不及待地将我拉进书房，我们终于可以回到以往的同事时光，在沙发里盘腿而坐，放松地聊天。我对晶由衷地说："真美慕你。你知不知道，你现在是我们过去的同事里生活得最好的一个。"

晶却深深地看着我，良久，一脸感慨地说："你知不知道，其实我也挺美慕你的呀！做着自己喜欢的工作，在工作上这么有成绩，老公很爱你，你还有什么不满足的？我虽然在经济上比你富有，可是有什么意思？钱再多，买不来快乐也买不来充实，人能用的也就那么多。我每天待在家里，老公生意很忙，要让他像个普通丈夫那样陪着我是不可能的。我一个人守着这么大的房子，无所事事、无聊至极，一天一天，每一天都是那么难捱。有时候我觉得这样活着和等死有什么区别啊？"

固然物质能够带来幸福，但那不过是发泄了虚荣心，满足欲望后的心情表现而已，并不是真正从心灵深处涌上来的幸福。物质是永远主宰不了人的幸福的。

在当下，社会就如同一个豪华的超级市场一样，它里面装满了眼花缭乱的商品。个人置身其中，往往被晃得晕头转向，有时也许连自己都不知道自己到底想要些什么，于是人云亦云地认为，把所有一切都抱在怀里才是最幸福的，拥有的越多才越幸福。但经历了世间百态人情冷暖后，人才会突然明白，幸福只是你饥饿时的一碗饭、口渴时的一杯水、困倦时的一张床、孤单时的一声问候……

所以，活各知足一点，与其去追逐那些纸醉金迷的生活，不如让自己停一下，多注意些身边的温馨。


## 想一想，物质上的压力来自于生存还是欲望


如叔本华所言，"人生其实就是一团欲望，不满足就痛苦，满足了就无聊。人就在痛苦和无聊里徘徊。"

普通人有压力，他们的压力来自于求学，来自于求职，来自于工作，来自于住房、存款、孩子的成长……慢慢的，压力甚至堂而皇之地进入了文化的传承。"房奴"、"车奴"、"孩奴"等新名词不断涌现，丰

富着我们的汉语词库。

成功人士也有压力，他们"蜗居"时压力来自于房子，等有房了，压力来自于别墅；挤公交时，压力来自于车子，等有车了，压力来自于豪车；拥有百万了，压力来自于千万；坐拥千万了，可看看人家身家已是数亿、数十亿、数百亿了，你说有没有压力？

官员们的压力来自于晋升，知识分子的压力来自于学术，导演的压力来自于票房、演员的压力来自于出镜……

但我们有时却没有想过，作为普通人的我们真的一定要考进好的大学吗？我们真的必须得到理想中的那个职业吗？我们拥有了百万难道还不够吗？难道真的非要上亿身家吗？

我们不停地追逐着一些东西，但却没有考虑过，那些东西对我们来说真的是必须的吗？我们追逐它是因为生存呢，还是因为欲望？

我们不妨看一看每个人的压力都来自于哪儿？

"我"现在的薪水只能负担一套房子，但同事们很多人都有两套以上，他们早给儿女们都准备好了。

"我"到办公室的交通其实挺方便的，骑自行车一会儿也就到了，但看着同事们都有车，还是贷款买了辆车。

邻居家的孩子读的是贵族学校，"我"也要多挣点钱，好把孩子送到国际学校去读才行。

"我"朋友的老公每年都会送给她价值不菲的生日礼物，而"我"却是全家一起出去吃喝一顿就算庆祝了。

领导的孩子结婚，这回送的礼金绝不能少于五千，否则以后还怎么在单位混啊。

唯一的孩子没考上重点大学，"我"们以后还能指望他吗？

"我"这个厨房太小了，得换那种中间有个吧台的西式大厨房才行。

人家隔壁孩子长得那么丑，都嫁了个好婆家，"我"们家无论如何得找个有汽车、别墅的乘龙快婿才行。

"我"兜里只有六十了，将将能进去听相声，但五百的票能坐到台边上。

如果您的压力来自于上面的那些想法，那我只能说您是在自找苦吃。

您想要两套房子，但一套真的不够你住吗？您想要一辆汽车，难道自行车就不能为您解决交通问题吗？是不是有些东西即使不需要，我们仍然不忍放弃；有些东西明明是负担，我们却仍撞得头破血流去争取呢？

我们可曾静下来仔细思考一下，如果我们不去追逐那些欲望，只要平安地生活着，那我们的压力不是少之又少了吗？如果我们不困于欲望，也许我们一样可以过着朝九晚五、平淡而简单的生活，那样，我们的压力也许根本不会如现在这般沉重！

放弃一些欲望吧，少给自己一点压力，当我们人生的压力得到充分地释放和缓解，我们也就拥有了自己的精神家园，我们也就过上真正幸福安宁的生活了。

## 拥有的多不如计较的少

潘石屹在其自传类书籍《我用一生去寻找》中说了一句话，他说："拥有的多不如计较的少。"他这句话说得非常对。人想要快乐原本是件很容易的事，计较的少点，想开点，豁达点，人就轻松快乐了。

在这世间，最快乐的人莫过于不谙世事的孩子，因为他们单纯，不懂得计较，而当他们到了长大的时候，快乐却突然就变得不容易起来。

那么究竟是谁教人们褪掉纯真、走入繁杂的，是父母、老师，抑或是生活使然？

还记得小的时候吗？一群什么也不知道的小朋友每天玩耍在一起，没有谁知道什么叫你的，什么叫我的。但当他们长大一点，争议和苦恼就发生了，别人的观点意见与己不同，心里不爽；别人的人缘好过自己，心里不爽；别人的家庭条件好于自己，心里不爽……

由此，我们可以看出，人之所以不快乐不是因为得到的多少，而是因为计较的多少。

人说婆媳是天敌，但陆女士和她的婆婆的关系却处得非常融洽。问陆女士的窍门是什么，她笑了笑说："人都说'家和才能万事兴'，你嫁给了一个男人，面对她的家人是理所应当的事，既然选择了做一家人，我做晚辈的就要学着去适应老人，慢慢的与她一起分享两个人生活，更要去了解老人家的一切，她的脾气、她的生活习惯。而最重要的就是在家不跟老人家计较。

因为她是老人，很多时候她都会把"这都是为你们着想"挂在嘴边，甚至有的事为我擅作主张，但我可能有自己的想法，有时候甚至都会觉得她这是在干涉我，但是我在老人的面前却不直接地去顶撞，有时用婉转的话来回答她，我会考虑清楚的，知道她是为我好，当然这事情没有想清楚我自己也不会去行动。

而且家有一老如有一宝，她也会帮我做很多的事情。现在都是我在外上班，家里就剩孩子和老人。宝贝是他们最大的快乐资源，我家宝贝都由她来带，这中间当然也有很多次的想法不同。但是都是为了孩子，我们都在互相地找对错。

老人在带孩子上可能没我细心，也因为这样，孩子在8个月的时候坐学步车就把脚夹得紫一大片，那时候把我心疼得，问婆婆，她也不知道是什么时候成这样的，这让我更加地担心害怕，但后来慢慢地也想清楚了，这也不是她的错，哪家的孩子不都是经历过这些才长大的吗？而且她看着宝贝这样也心疼，我没说什么，反倒让她更难受。我后来跟他们说'没事，接下去这段时间就不要让她坐了，给宝贝擦点药水什么的，很快就会好的'。

这件事情没过去几天，宝贝从床上摔了下来，天呀，我回去看着宝贝，眼睛上肿得不行，再加上脚还没好，把我给心疼的，刚要说婆婆，却忽然冷静了下来。我拉着她的手说'算了，这孩子从床上调皮摔下来正常的，也不能怪您。下次您不在房间，宝贝就放地上玩，怕地上太凉，就铺床被子。再说人家不都说了嘛，宝贝越摔会越聪明吗'。

这话是在安慰自己也在安慰她。经过这两次，我就想，如果心里实在难受的时候，能当面去批评婆婆吗？我做不来，即使她有错，我也说不出口。但后来婆婆却自己承认了错误，说下次一定小心点，多注意下宝贝的行动……"

其实每个人都是通情达理的，而且婆媳能在一起生活是缘分，大家不都为共同的一个家着想嘛。互相体谅，相互支持理解，那么这个家在什么情况下都是坚不可催的。即使之间有什么矛盾，互相体谅一下，都会好起来的。

人生的很多痛苦和烦恼其实都是来自于我们计较的太多，如果我们学着豁达一点，一切痛苦和烦恼都会随之消失的。

不仅仅是在生活中，在工作中也是如此，每一天我们都要去经历许多我们要经历的，而不管怎样变化，只要我们学会看开、想开，每一天以大度的心态去面对所遇到的人，处理所遇到的事情，如此一来，相信我们每个人都可以把事情办得圆满。而当自己回首这件事的时候，我们都会觉得很舒服很有成就感。

人行走在社会上，和他人都要有一个慢慢适应的过程，不可能完全无磕无绊，而在此途中对于一些难免出现的摩擦，要学着微笑去面对，不过多去计较，我们才可能获得更多别人无法企及的快乐。

## 不加薪也可以幸福的秘密

2010年，哈佛公布了自己最受欢迎课程的排行榜。出乎人们意料的是，最受欢迎的选修课是《幸福课》，听课人数甚至超过了王牌课《经济学导论》。看来无论是在发展中的中国还是在大洋彼岸富足的美国，越来越多的人开始意识到一个严重的问题：我们找不到幸福了。

我们发现有的人并不富有，不是很有钱，也存不下几个钱；他们衣着很普通，只是自己不突出也不寒酸；他们食不多肉，以粗茶淡饭为主；他们没有太多的钱供他们去那些高级的娱乐场所；他们没有钱和时间让他们随意地去旅游，他们甚至没有去过几个远一点的地方。但有一点很重要，他们很幸福。

而我们也发现另外一些人，这些人坐拥亿万，穿的是绫罗绸缎，吃的是山珍海味，闷的时候有声色犬马，可以随时周游名山大川，但他们却总是愁眉紧皱、唉声叹气。

对于幸福，王小姐有她自己的定义："我和老公是在2004年的时候认识的，那时候他还在念大学，而我却是一个高中毕业就出来打工的小姑娘。等到他大学毕业，我们于2008年就结婚了。这么多年，他家条件一直不好，大学都是贷款的，经历了很多的辛酸。工作了，稍微攒了一点积蓄，我们想买一套属于自己的房子，可宝宝的意外到来使我们决定把房子的事放一放。先等宝宝出生再说。

2010年3月份，知道我有了我们爱情的结晶后，他更加疼我了。我起初孕期反应太厉害，连班也上不了，老公就说要我不要上班了，今年他辛苦点，以后再赚钱。从此他比以前更加辛苦了，刚刚升了职，所以也更加忙碌。他早上7点起来给我买早饭，放床头，亲一下我额头就去上班了。本来5点就可以下班，现在要晚1小时，看他骑着自行车到家满头大汗的样子，我好心疼。他这样是为了不让我下厨房，来不及歇会儿，就开始洗菜做饭，他知道我可能会饿，就加快速度让我早点吃上晚饭。

晚饭后，老公开始洗碗，接着催我洗澡，因为他洗澡的时候要洗衣服，他说经常弯腰对宝宝不好，所以宁愿自己辛苦点。我知道他很累了，可我白天在家闷了一天，很想他陪我到楼下公园去走走，散步半小时回家。他说总算可以暂时休息会了，开始在电脑前把没有做完的工作继续做完。我就躺床上看电视，每天都是这样的平淡而幸福。

我还有一个好婆婆。因为离异了，老家只有她一个人在辛苦维持生计。她说等这个月底就来照顾我们，现在赶紧把家里一些农活干完，等毛竹卖完也可以多挣几个钱，来这的话，因为我们一家的生活全部靠老公这5000的月薪来维持这个家，在家能够攒点也好。

也许我没有很多女人幸运，像她们那样有房有车，可我也相信，我们的未来肯定会很幸福的，因为有个爱我的好老公，和一个温馨的家庭。


在生活中，我们大部分的人会错误地认为高收入就是幸福。但事实上，虽然高收入的人的生活会比较富足，但他们也因此更容易紧张，有着很多的压力和烦恼。

我们要知道，所谓成功只是人类提升幸福感的手段和途径，一旦只注重物质财富的获得和积累，那财富终将变成人们获得幸福的障碍。在成功之前，有人可能也曾有过不开心的日子，但他们一直相信，只要成功了，他们就会得到幸福。而当他们达到目的时才发现，原来所期望的根本就不存在，此时，他们感到自己的幻想——物质地位可以带来永久的幸福——破灭了，他们很快就会迷失了自己，因而陷入了不知所措的困扰之中。

而真正的幸福，其实并不是所谓成功、所谓富有能够带来的。真正的幸福其实是没有定义的。当你沮丧的时候，有人听你诉说，这就是幸福；当你疲惫的时候，有人让你依靠，这就是幸福；当你无助的时候，有人在背后默默地支持你，这就是幸福；当你累了想歇一歇的时候，有一个温馨的家庭，这就是幸福……

幸福不用去寻找，幸福就在你的身边。

## 控制你的物欲

我们每一个人都想做一个有理想有抱负的人，这是做人的最基本的心态，是锻炼自己成就事业所必不可少的东西！

但是并不是所有人的理想和抱负都是合理的，可实现的。而一旦一个人的理想和抱负超出了个人实际变得不可节制，那理想就不再成为理想而变成了欲望。

在一座森林里，有几只野猪非常凶悍，经常威胁到在森林边上耕种的村里人的安全，但受害最大的是经过森林的人。曾经有几位有经验的猎人很想通过圈套捕获它们，但这些野猪却非常地狡猾，从不上当。

有一天，一位老人领着一匹拖着两轮大车的毛驴，走进了野猪出没的村庄。车上装的是木料和谷粒。老人告诉当地人说要帮他们捉野猪。早已失望至极的人们根本不相信老人，甚至嘲笑他不被野猪吃掉就不错了，还妄言要抓野猪！因为他们认为既然年轻力壮、经验丰富的猎人都做不到的事，一位白胡子老头又怎么能做到。

但老头还是进了森林。他首先寻找野猪经常出没寻找食物的地方，然后就在那边的空地中央撒下少许谷粒作为陷阱诱饵。那些野猪起初吓了一跳，可经不住诱惑，好奇地跑过去，由领头野猪开始闻味道，然后猛尝一口，其他猪也跟着吃了起来。第二天，老人又多加了些谷粒，并在几尺远的地方竖起一块木板。那木板吓跑了野猪，但是谷粒的美餐，大大吸引着那些野猪。不久它们又返回来吃了。这样老人每天在谷粒周围多加上一块木板，每次野猪总会远离一阵子，但最终还是会走进去吃谷粒。

两个月后，围栏做好了，而那些野猪照样无所顾忌地走进去，终于被老人放下最后一块木板后，一网打尽。

我们说野猪是愚蠢的，它们不知道在它们一步步满足自己欲望的同时也在一步步地走入别人早就设好的陷阱里。

同样，无论在今天还是在历史上，又有多少人因为自己的欲望，像野猪一样将自己一步步置身于陷阱之中，终于无法逃脱。

明朝的开国大将蓝玉原本是开平王常遇春的内弟，当初隶属常遇春帐下，作战英勇，屡立战功，

明太祖朱元璋对他非常宠信，经常把他比作卫青李靖一样的人物，后来又将其封为凉国公。他可以说是集恩宠于一身了吧。

但蓝玉居功自傲，日益骄横跋扈。他建筑自己的田庄，并且还蓄养家奴达数千人之多；乘势暴横，并仗势侵占东昌（今山东聊城）民田。当御史按问时，他竟然将御史鞭打后赶走。北征时他私占大量珍宝驼马不计其数；回师夜经喜峰关时，因守关的将军未及时开门，竟纵兵毁关而入。他的所作所为，逐渐引起朱元璋不满。但蓝玉不但不知道收敛，还擅定军中将校升降与军队进止，终于导致明太祖朱元璋不能再坐视不管了，对他数次责备，甚至降职让他惊醒。

事情发展到这时应该说明太祖已经仁至义尽了，但蓝玉还不知收敛，竟然利益熏心，想当起皇上来。洪武二十六年，锦衣卫指挥蒋瓛告发蓝玉谋反，说蓝玉想趁朱元璋出外私访时发动叛乱。朱元璋终于忍无可忍，将蓝玉捕杀。一代勇将，终于毁于不可节制的欲望下。

其实人本身有欲望，并不是一件可耻的事情，那是出于人类的本能。但关键的是人能控制欲望还是人被欲望控制。如果人能够控制欲望，那有些欲望非但没有坏处，反而能促使人们奋发图强；但如果人不能控制欲望而成为欲望的奴隶，那终将陷入万劫不复的深渊。

## 重新发现富有的定义

我们每一个人都渴望成为富有的人，但我们可曾想过我们所定义的富有到底是什么呢？我们也许会脱口而出，当然是拥有金钱，但富有真的仅仅是拥有金钱这么简单吗？拥有金钱就等于富有了吗？

法国大作家莫里哀在其小说《吝啬鬼》中，将有钱的穷人这一类人物刻画得是淋漓尽致，入木三分。

富商阿巴贡是个典型的守财奴、吝啬鬼。他爱财如命，吝啬成癖。他不仅对仆人及家人十分苛刻，甚至自己也常常饿着肚子上床，以致半夜饿得睡不着觉，便去马棚偷吃荞麦。他不顾儿女各有自己钟情的对象，执意要儿子娶有钱的寡妇，要女儿嫁有钱的老爷。当他处心积虑掩埋在花园里的钱被人取走后，他呼天抢地，痛不欲生。为了攒钱，他省吃俭用，招待客人时往酒里掺水，自制日历，将吃斋的日子延长，还到自己的马棚里去偷马料，挨了车夫的打。为了钱，他甚至可以放弃心爱的姑娘。可这又如何，阿巴贡确实很有钱，但他却并未体验到一丝一毫有钱者的快乐，反而因为有钱让他每天都活在紧张与恐惧之中，最后连一个穷人都不如。

由此我们可以看出，金钱并不意味着富有，相反，一旦金钱被抬高到了一个它本不值得的高度，反倒成为了富有的反义词，成了人的累赘。

真正的富有其实是因人而异的！病患者以健康为富有，即使他可能是个百万富翁；贫困者以钱财为富有，即使他可能身体健壮如牛；有些富人，以真情实意为富有，因为他缺少的就是情感；有的愚昧者，以聪明睿智为富有，因为他经常为自己的愚昧无知而吃亏；聪明睿智者，以简单明快为富有，因为人如果太多心机反而活得很累。所谓的大智若愚、大巧若拙、大富若贫、大贫若有就是这个意思。

譬如真情实意，富人们往往缺乏的就是这种东西，然而，贫苦的人们最多的就是真情实感！人们年轻时，都怕贫穷，然而到了晚年，却又不以为意了，因为他们久历人生，懂得了知足的道理，他们不会再因物质的匮乏而认为自己贫穷。

其实我们更应该觉得，真正的富有并不一定非要拥有大额存款、好车豪宅，但必须拥有心灵上的满足。一个拥有幸福人生的人，在心灵上一定是先要非常富有的。

世界上最令人尊敬的女人——特蕾莎修女，她于 1910 年生于南斯拉夫，37 岁正式成为修女，1948 年远赴印度加尔各答且于两年后正式成立仁爱传教修女会，她竭力服侍贫困中的最穷苦者。她于 1974 年获诺贝尔和平奖，1997 年 9 月过世，葬于加尔各答。

特蕾莎只是一位满面皱纹、瘦弱文静的修女。但 1997 年 9 月，当她去世时，印度政府为她举行国葬，全国哀悼两天。成千上万的人冒着倾盆大雨走上街头，为她的离去流下了哀伤的眼泪。这就是被誉为"活圣人"的特蕾莎修女。1979年授予她诺贝尔和平奖的颁奖词说："她的事业的一个特征就是对单个人的尊重……最孤独的人、最悲惨的人、濒临死亡的人，都从她的手中接受到了不含施舍意味的同情，接受到了建立在对人的尊重之上的同情。"

特蕾莎修女清醒地认识到，居高临下的给予，接受者会有被施舍的屈辱感觉，这对一个人的尊严是极有害的。他可能被引导出苦涩的敌意，而不是和谐与和平。在街头，这个瘦小的修女亲手握住快要横死的穷人的手，给她们送去临终前最后一丝温暖；在医院，这个受着病痛折磨的修女亲吻着艾滋病患者的脸庞，为他们筹集医疗资金；她给柬埔寨内战中被炸掉双腿的难民送去轮椅，也送去生活的希望；她细心地从难民溃烂的伤口中捡出蛆虫，帮助他们减轻痛苦。

她曾动情地说："我们做的不过是汪洋中的一滴水。"特蕾莎修女说这些话的时候，就好像母亲给孩子讲故事，没有花招，没有卖弄，有的只是一颗直白坦率的心灵。她微笑着说，让我们记住这一点：没有人不需要关爱，我们要总是以微笑相见，尤其是在微笑起来很困难的时候，更需要微笑。

虽然出生于一个非常富裕的商人之家，但特蕾莎修女放弃了一切家庭便利，令自己变成了一个穷人，她的生活朴实无华。但同时她又是世界上最富有的人，因为她拥有爱、给予爱、收获爱。

对于什么是财富，我想现在对于不同的人来说，每个人都有各自不同的定义了吧。有的人或许认为是友谊，或许有的人认为是金钱，有的人认为是知识，有的人认为是经验，有的人认为是意志，有的人认为是时间，有的人认为是希望，有的人认为是食物……然而这任何的一切都可成为财富，只要你认为那是财富，对你来说那就是财富。

## 设立"止损"，更要设立"止赢"，
## 为你的欲望设定底线

随着经济的发展，现在社会上会投资的人群是越来越多，开始有更多的人去研究关于投资的知识。而在投资学里面有一个术语，我觉得对我们的人生应该有一个非常重要的启发，这个术语就是"止盈"。

"止盈"就是指将投资在你的目标价位挂单出货。止盈的概念在于见好就收，不要妄想"盈"到最高点，在心中要设定一个"止"字。而我们在日常生活中，也应该给自己灌输一个"止盈"的概念，凡事见好就收，切记不要过满致亏。

见好就收这一处理问题的方式，在古代就早有例论。汉朝张良功成身退，见好就收，所以能保全自身；同朝为官的韩信则贪得无厌，不留退路，终于葬身未央宫……

在我们人生前进的道路上，见好就收往往好过于乘胜追击。俗话说得好，甘饴饮至微熏处，鲜花须看半开时。春风得意时莫忘回头望望，乘胜追击时当要留个余步。古人常说："知足常乐，终身不辱；知止常止，终身不耻。"每个人都不可能做到总是一帆风顺。须知"人无千日好，花无百日红"。所以，见好就收才是真正的智者所为。

但见好就收并不是所谓的"放弃"、"停止"，而是巩固已经得到的，同时也给自己一个调整的时间，就是要我们不去过分追求，而是珍惜已经到手的，把握当前。

顺利时，一帆风顺，万事如意，双喜临门，什么好的形容词都来了，但这时一定要切记不可贪心，否则一旦一个不谨慎，那些好的形容词就会变成狂风巨浪，事事不顺，祸不单行……。所以不管什么时候，人都一定要根据自己的水平、实力、环境、现状，对目前所面临的问题作出准确的判断，绝不可以得意忘形、冲动行事，更不可以凭自己的好胜心与不服输去争强好胜，否则就会出丑、尴尬，闹得后果不堪收拾，到时陪了夫人又折兵，就划不来了。我们应该切记见好就收！

朋友们，其实我们很多时候都有满满的幸福握在自己手中。有爱自己的人，有舒适的工作，有美满的家庭，这样不是已经很幸福了吗？何必还为难自己非要去妄想那看似美丽的镜花水月呢？得到了幸福，就紧紧抓住，如果还没得到，就请你放下心中那份聒噪，用最好的心情来寻找，来等待。相信用不了多久，幸福就会找上门来的。而当幸福登门的时候，切记，你一定要见好就收，不要因为想要更多而将它错过。

## 谁说"裸婚"就没有幸福

当下社会，高房价、高职业竞争压力、高生存成本已让年轻人难堪重负，而相互攀比的社会风气更让结婚成为一个家庭的重大包袱。"结婚难"已经成了一种普遍现象。无数对有情人因此被现实活活拆散了。

小冯原来的女朋友名叫小荷，是来自湖北孝感的一个朴实的姑娘。当时她在北京打工，通过朋友介绍认识了小冯，认识之初，小荷对小冯的条件还是认可的。而且小冯第一次去见小荷的家长，也给长辈留下了不错的印象。当时小冯的穿着也不是很讲究，可小荷的父母却给了他不错的评价，说觉得这小伙儿实在，有啥是啥，不玩花哨的，不说大话，不弄虚作假，挺放心让女儿和他交往。

当时，小冯和小荷的收入都不高，但小冯是男人，在一起的时候，所有的花销他都主动承担，而小荷也很是体贴，经常劝他不要乱花钱。以前小冯一个人生活，在衣着外表上从来都不讲究，但自从认识小荷之后，简直是在小荷的帮助下重塑了自身。而且小荷在待人接物和说话的技巧方面也很讲究，所以在谈吐方面，也帮小冯提高了不少。

在相处的近三年时间里，因为相互工作时间的问题，他们总是聚少离多的，但是他们始终都理解彼此，所以感情一直很好。这样发展下去，就开始谈论到结婚方面了，而两个人本来也是奔着结婚去的，所以自然也想尽快把这桩心事了解。

但现实条件却非常残酷，小冯家庭条件不是很好，只有一套房子，父母都是工薪阶层，支付不起再买一套房子的费用，而家里同住的除了父母，还有一个工作一直都不稳定的大哥。因为工作不稳定，收入也不稳定，大哥也是谈了几年恋爱，一直没结婚。其实小荷和她的家人都不是那种强调物质、爱慕虚荣的人。但是嫁女儿，谁也不愿太委屈了，他们唯一的条件，就是希望结婚后两个人能自己住，但这唯一的条件却也是小冯无法满足的。最终在想尽一切办法仍然一筹莫展之后，小冯和小荷还是决定分手了。

目前对于家庭条件一般的适龄年轻人，经济条件有限，生活压力较大是无法结婚的直接原因。拍婚纱照，买婚戒，办婚宴，再加上蜜月旅行，一场婚结下来，对很多人来说都是笔不小的开销。这对于刚工作不久，又无法过多依赖父母的人来说，是个不小的经济打击。而同时，房价高、就业难、生活成本大也使得人们消费不得不变得更加谨慎。

但如果没有房子，没有汽车，没有婚礼，没有蜜月旅行，甚至没有结婚钻戒，双方只抱定一颗相爱的心和未来一起奋斗风雨无悔的信念，难道就不能成就一段美好的姻缘吗？

在乌鲁木齐工作的欧阳已经裸婚 5 年，现在还在和老公租房过日子。小丹说："如果等到有房有车再结婚，我们也许过了而立之年。"6年前，她认识男友王刚，两人情投意合。当关系发展到谈婚论嫁的时候，婚房成了头等难题。

但王刚算了一笔账，买房子要 30 万，装修要 8 万，婚礼筹备要 1 万，短途蜜月旅行得 8000，结婚最少得 40 万。这对于家在农村、靠种地养家糊口的王刚父母来说简直是个天文数字。于是王刚和欧阳商量，先登记结婚，等以后两人经济条件好了，再做打算。

由于长期漂泊在外，双方真的想有个家了。两人花 16 元钱到乌鲁木齐的民政局领了结婚证，而租来的房子便成了两人的婚房。结婚 4 年，虽说两人因为生活琐事发生过几次争吵，也因为居无定所而发生过龃龉，但吵过、闹过之后两人一笑了之。欧阳说，她看重的是人品不是钱。有房子就没有争执了吗？有钱就一定幸福吗？现在他们算计着过日子，齐心合力攒房子，这才叫同甘苦、共患难呢。

如今，像欧阳这样的抛去物质条件，而选择两个人先结婚再一起奋斗的已经屡见不鲜。社会上甚至对这样的人定义了一个新的名词"裸婚族"。裸婚就是指既没有车，也没有房，更没有存款的两个人，在不设立婚宴，不买钻戒，不度蜜月的情况下，只花钱去民政部门领结婚证的简易结婚方式。

高房价、高职业竞争力、高生存成本已让年轻人难堪其重，相互攀比的社会风气成为"结婚难"的"诱因"。正因如此，很多"80后"选择"裸婚"的方式，摒弃传统观念，用自己未来的努力与打拼换来幸福生活。

其实裸婚本该是年轻人正常的生活状态。结婚就意味着婚纱、典礼、房子、车子吗？这只是整个社会对幸福生活的病态理解。充裕的物质生活并不能代表幸福，有钱有房有车并不能为婚姻持久保险。难道没房没车就没有拥有婚姻的权利吗？对于婚姻来说，相互之间的理解、慰

第四章 为什么我们拥有的总是不够

藉、信任和支持才是最重要的。幸福的关键不在于是否裸婚，而在于婚后两人是否能同舟共济，共同奋斗和坚持。

　　当然，随着时代的进步，结婚的形式也在发生着变化，但幸福婚姻的基本秘诀却始终没变。婚姻生活中物质因素固然不能少，但情感因素才是维系婚姻的基础。婚姻的形式可以不重要，但长期婚姻生活中男女双方互相理解，相互支持，步调一致共同为了家庭而努力，这样才是保持婚姻长鲜，为社会创造价值，收获自己的幸福生活的唯一手段。

# 为什么我们要加班到深夜

## ——如何获得"0.8"的工作状态

　　春种夏忙，秋收冬藏，日月盈昃，寒来暑往，天地日月都要注意轮休，更不要说人了。作息作息，工作和休息本来就是相互循环的关系。如果我们只作不息，那么作也持续不了太久。掌握 0.8 的工作状态，才会让人生更可持续一些。

# 忙忙忙，盲盲盲

李宗盛有一首歌叫做《忙与盲》，歌词写得非常好："曾有一次晚餐和一个梦，在什么时间地点和那些幻想，我已经遗忘我已经遗忘。生活是肥皂香水眼影唇膏，许多的电话在响，许多的事要备忘，许多的门与抽屉，开了又关关了又开如此的慌张。我来来往往我匆匆忙忙，从一个方向到另一个方向忙忙忙忙忙忙。忙是为了自己的理想，还是为了不让别人失望。盲盲盲盲盲盲，盲得已经没有主张，盲得已经失去方向。忙忙忙盲盲盲，忙得分不清欢喜和忧伤，忙得没有时间痛哭一场。"

这一张歌曲的创作，可以说是对我们这些年来工作生活的剪影，和个人情感的回顾。它显现了我们工作的忙碌和飞来飞去的茫然。是什么使我们这样地忙于工作？为了赚更多的钱？为了"理想"？还是为了"逃避"？

如果为了赚钱，我们的生活向来简单，开销也不大，不需要像甲壳虫所唱的"Working Like A Dog"那样找自己的麻烦。而如果为了理想，我们也曾经为理想做了很多事，然而事后总是很难过地发现，理想竟是那么遥远。这么说来难道是为了逃避？可是我们又逃避什么呢？我们到底有什么不能摆脱而非逃避不可的事呢？

在疲惫的人生旅途中，我们可曾怀疑，我们这么忙到底有没有意义；在无助的时候，我们可曾问过自己，我们到底可不可以歇一歇。

北京市某公司白领王红很坦率地承认，她自己就是彻头彻尾的"穷忙族"。她是一家策划公司的客户经理，平时常常忙得四脚朝天、疲于奔命。有时，她的朋友问她为何那么忙。她长叹一声说："我来跟你说说今天上午发生的那几件事情吧。"

"我今天早上刚进公司，就有几个人找我汇报工作。首先是公司的前台，她告诉我，早上有个客户打电话来抱怨说昨天等了一个晚上都没有收到我的电子邮件。于是我立即去查自己的邮箱，结果发现信件是因为标题不正确被退回来了。

"赶紧修改好把邮件发出之后，接着办公室的下属又过来问我，为什么上面说新办公室设计不符合要求。我这才想起公司上层确实说过办公室布局的问题，但是我由于工作太忙，竟忘了传达了。结果我只能忙着跟上面解释，并帮助下属做出替换的方案。

"两件事处理完之后就已经快到中午了，没想到人事部门的同事又来找我，说今天是一个员工考评的截止日期，但是我还没有给他们提供充分的资料。结果我午饭都没顾得上吃就忙着准备员工日常考评材料，哎……"

紧张忙碌的工作让王红觉得她自己只是在过"日子"，而不是在"生活"。她不知道这种每天都只是忙忙忙的生活还将持续多久，她也不知道自己想要的生活到底是什么样子。

我们很少有人去追究，为什么自己的脚步在这喧闹的都市中竟已停不下来。我们为了挤进时代的主流，为了过上体面的生活，几乎是无时无刻都是忙忙碌碌的。白天是精致的套装、勒紧的领带、沉重的背包。九点一到，陀螺便被抽上一鞭，转转转，开始忙开拓，求发展，个个啼笑不由己；晚上则拖着疲惫身躯摔在床上倒头就睡，管它春夏秋冬。

因此我们现代人无不佩服古人。古代的"闲"人"淡然虚旷而其道无穷，万德之美皆从于己"，"冲静得自然，荣华安足为"，他们土木形骸，不自藻饰，从容出入，飘飘若仙。水流树影不须钱买，却是世间最宝贵的财富；对酒当歌洒脱自在，反而领会到了人生的真正趣味。

　　而我们今天的忙人，心灵被强行打包挤进一个个窄小的角落，应酬一场场交际，虚与一桌桌饭局，连一丝畅露真情的缝隙都找不到了。谈风月、论古今这样的事早已恍若隔世，就算在人前提起，恐怕是也要一起笑为风花雪月年少轻狂，不敢多说一句；但孤灯独照床头时，翻看多少年的尘埃往事，暗自思量，竟然也是怅然若失。我们的人生看似走在一条通天大道，但谁敢保证方寸之间不会迷失方向。我们忙得疲于奔命，到底我们是缺少什么？我们忙到失去自我，究竟又是为了什么？我们忙得来舒适的生活，却忙不来舒适的心情；我们可以用金钱将屋子填满，却填不满我们空虚的心灵。

　　人走的太匆忙，一路的美丽风光就这样被错过了。繁重的学习，并不意味着心灵的充实；忙碌的工作，生命就在你埋首不起时晃过了。这样说，并不是指要重新回到清谈妙赏的魏晋生活，而是要我们在忙与闲中选一个支点，在忙得透不过气的生活中探求一个解脱之法。因为，"忙"并不一定要焦头烂额、顾此失彼，那是盲目的忙；忙也可以做到劳逸结合，令人愉悦。

　　让人充实的忙是自享其适，这是一种忙碌中的闲情逸致，这样的忙使人们能够控制自己的人生步调，以忙而不乱的节奏走到广阔人生中，由此即使身处闹事，也不会心疲算计；处于市井之中，也不用掣于俗事。这样，忙所带给我们的就不再是枯燥和倦意，而换之以精神上的满足。

　　人生的俯仰之间大有精彩之处。有的人总是一路匆忙，到头来却忘了要细细品味这路上的风景；而聪明的人却懂得时走时停，慢慢地就体验了神闲气定的快意。他们晓得，如若没有忙时的努力，自己的人生绝走不出如此多的精彩；但如若一路风驰电掣，那创造出再多的精彩也不过是留给他人观赏了。

　　"结庐在人境，而无车马喧。问君何能尔，心远地自偏。采菊东篱下，悠然见南山。山气日夕佳，飞鸟相与还。此中有真意，欲辨已忘言。"陶渊明已经顿悟，久在樊笼里，复得返自然。那我们呢？

## 贪多必失、务广而荒——给目标打个八折

我们有的时候可能会碰到这样的事情，决心想要做很多的事，但又不知道从何做起，就算做了也经常会因为事情多而手忙脚乱、顾此失彼，最后导致什么也没做成。

一次想做太多的事情，人自然会很快变得手忙脚乱。在认真地选择做事情时，我们都会做很多的准备，完成我们预先所要达到的目标。但如果我们设定了多个目标，我们就应该对这些目标分别设定出不同的优先级别，以确保我们能将最大精力投入到最重要的目标上去。面对多个目标时，我们一定要有所侧重，切忌贪多，否则精力将被分散，再大的努力也会付诸东流。

两个乞丐相约找到一个乡间谋士，希望乡间谋士能支点招，让自己很轻松就可以乞讨到一大笔钱。乡间谋士思索了一番，然后拿出两块牌子，提笔在这两块牌子上分别写上"多多益善"和"只收一元"。

写完之后对两个乞丐说："你们挑吧，不过挑完后要按照我说的去做。拿到多多益善这块牌子的人呢，在别人给了自己钱之后呢，要对别人说，多给点，多给点吧；拿到只收一元这块牌子的人呢，不能多收别人一分钱，别人如果实在没有一元零钱，给了十元，一定要找零。我们以一年的时间为限，一年之后，你们两个一定要再回到这里来，看谁讨的钱多些。"

乞丐甲因为个头大，还没等乡间谋士把话说完，就抢在乞丐乙前面，拿起写着"多多益善"的牌子就跑了，嘴里边还哼着"这回可要发

财了"；乞丐乙无奈，只好拿着写着"只收一元"的牌子，垂头丧气地走了。

一年之后，两个乞丐按照约定，再一次来到乡间谋士家里。乞丐甲还是一年前的模样，穷、酸、臭，还被别人打得鼻青脸肿；乞丐乙则大不一样，不但衣着光鲜，而且是开着小轿车过来的。乞丐甲手里拿着写的"多多益善"的牌子边缘有裂痕。很显然，乞丐甲在讨不到钱的时候，会不时地拿牌子出气，背后难免要说几句乡间谋士的坏话。乞丐乙手里拿着的"只收一元"的牌子，却是已经镶上金边。他打算将这个牌子收藏，作为传家之宝。乞丐甲还是一个乞丐，而乞丐乙却已经不做乞丐了。他在一年时间里讨到了许多钱，他拿着这些钱来做生意，生意也越来越红火。

我们固然会嘲笑第一个乞丐的无知和贪婪，但其实我们不也正如那个乞丐一样吗？我们有多少人在上大学之前曾经下决心要完成两门以上的专业，但到最后连拿到毕业证都勉勉强强；我们有多少人曾给自己制订过一年计划、半年计划，在计划上列出密密麻麻的事项，当时间已过，我们却发现计划书上的事项我们一个也没完成。我们在知道乞丐愚昧的同时，是不是也应该提醒提醒自己贪多必失、务广而荒。

随着我们年龄的增长，多数人都会为自己设定职业或者生活目标，而且往往还不止一个。当然，这说明我们对于生活抱有很大的期许和热情，表现出了我们个人的广阔潜力。只是，树立目标和达成目标并不是一码事，对我们来说，知道自己想实现什么、想要什么固然是一个进步，但更重要的是知道如何去获得自己想要的。我们一开始为自己设置目标都会或多或少有些贪大求全的想法，但这最后导致的结果是每个目标的进度都不甚理想。

所以，我们每个人都要仔细分析自身的优缺点、强弱项，对我们所有的目标列出优先次序，在精力有限的情况下，集中资源推进一个首要目标。如果得陇望蜀，只顾贪多，结果能做到的也荒废了。

有个寓言说，上帝创造万物，创造到蜈蚣时，一开始并没有为它造脚，但是，它仍可以爬得和蛇一样快速迅捷。但有一天，蜈蚣看到了羚羊、梅花鹿等其他有脚的动物都跑得比自己还快时，于是向上帝祷告，希望和其他动物一样也拥有脚，如果能拥有比其他动物更多的脚就更好了。

上帝答应了蜈蚣的请求，把好多好多脚放在蜈蚣面前，任凭它自己选择。蜈蚣迫不及待地拿起这些脚，一只一只地往身体上贴，从头一直贴到尾，直到它的身体再也没有什么地方可贴了，它才依依不舍地停止。当它心满意足地走起路来时，才发觉自己完全无法控制这么多的脚。它要想向前挪一步，就必须集中全部精力才不致于使那么多脚互相绊跌，这样一来，它反而走得比以前更慢了。

看完蜈蚣的故事，想想自己，我们是否发现自己其实非常像那只贪心的蜈蚣，总恨不得自己能够立即完成自己的一切理想，殊不知欲速则不达，一味地追求多，却忽略对事情的控制，结果必定是收效甚微。这样走马观花、囫囵吞枣，虽然可以对所有的事都做个大致雏形，但只有框架毕竟不能成事，而且时间长了，这些框架也会因为长时间得不到加固，而慢慢散掉。

总之，个人成功的关键不在于绝对目标的多寡，而在于如何有效集中精力，扎实地进步。所以在努力的道路上我们不妨先给自己的要做的事情打个八折，减少一些看似不太紧要必须的事情，先去完成那些眼前重要的事情，也不至于贪图过多以至于分散了注意力，降低工作效率。

第五章 为什么我们要加班到深夜

# 你是不是成了职业危机感的奴隶

　　2009 年，《中国青年报》社会调查中心与新浪新闻中心合作进行了一项有 4652 人参加的职业危机调查活动。调查的结果显示，在当今中国社会有 90.5％的人有过职业危机感。这也就是说，只有不到一成的人能够在泰然的状态下工作。而造成职业危机的主要原因分别是"竞争压力大"（82.1％）、"发展空间小"（77.3％）和"超负荷工作"（47.9％）。

　　这是一个令人忧心的结果。因为，职业危机感过强，不仅有害于个人整体发展，也有悖整个社会的和谐发展。

　　在计划经济工作分配制的年代，每个人的工作都很稳定，不存在失业那一说，所以人们的安全感很强，没有职业危机。但当我们步入市场经济，每个人都要靠自己的本事吃饭，那么工作中的竞争就开始出现并越来越激烈了。对前途的迷茫、工作热情的下降、职位变动的危机、健康状况的下降、来自同事的竞争等使职场人员承受了越来越大的压力。有些人甚至出现持续性失业恐慌，随时忧心着自己是否会失业。

　　对于职业危机感，武汉某公司的张女士有她的看法："现代人多少都会有点职业危机感，毕竟不是从前吃"大锅饭"的年代了。尤其是女性，家庭事业两头兼顾，有时更是苦不堪言。

　　就拿我来说吧，进公司的时候是大专学历。这学历现在听来是低了点，但当时还算是可以的，再加上自己年纪轻、肯吃苦，一门心思扑在工作上，颇受老板赏识，半年内从普通职员升到了主管，两年后便坐上了现在这个副经理的位置。

然而，即使一切都这样顺利，我的职业危机感还是从未间断过。刚工作时担心业务上的事情，怕任务完不成；结婚后则怕有了孩子影响工作，担心好不容易拼来的位置被别人挤掉；现在呢，这么多年下来，位置应该算坐稳了吧，可又有了别的忧虑。一是学历。随着时间的推移，学历越来越成为问题，尤其每年看着新人不断地进来，一个个都至少在本科以上，硕士、博士也不稀奇，充满着自信和活力。要让他们服服帖帖地在我手底下做事，自己也就非得提高不可。二是年龄。女人在这个问题上总是特别敏感的，虽然自己的职位不是吃"青春饭"，但面对年轻的同事、下属们有时也会格外尴尬。有一次，因为业务上的事在工作会上发了通脾气，结果午休时经过公司的洗手间，竟听到里面隐约传来"更年期"之类的嘲笑声，虽不十分真切，但很明显是在说我，当时别提心里有多难受，可面子上还得装得若无其事地继续工作，真是委屈。

　　所以，现在的我，虽然身居要职、工作繁忙，但还是抓紧时间出去读了进修班，以弥补自己学历上的不足。不过，这样做的代价便是我留在家里的时间越来越少，有时一个星期都不能好好跟丈夫、儿子说上几句话。我心里很歉疚，只希望快点忙过这一阶段，休假的时候好好陪陪他们，然后继续投入新的"战斗"。

　　职业危机感肆虐这是一个严重的社会问题，因为我们普通人一生当中要有一大半的时间身在职场，也就是说职场生活在很长一段时间里会成为我们生活的主要组成部分。而恰恰正是职场和职业成了导致我们不快乐和缺乏安全感的罪魁祸首！我们生活压力已经很大，很多人并没有足够的承压能力，一旦患上了职业危机感，往往就会心浮气躁，目光短视，怎么谈得上个人的长远发展和全面提升？显然，这对于职业要求和个人长远发展都没有什么好处，自然对社会良性发展也没有益处。

　　抛开大环境下的"社会危机感"和"生存危机感"不谈，我们把话题的范围限定在"职业"上，那究竟是什么因素导致了中国社会的职业人如此缺失安全感呢？我们看一下以下几种具有职业危机感的职场人的典型表现。

只顾工作而忽略职场健康：典型的拼命三郎，为了工作，可以不顾一切、废寝忘食，从来没有要注意健康的意识，不喜欢户外运动，不锻炼身体，目前身体状态正常。

一心表现而忽略同事关系：平时不喜欢和同事说话，更谈不上交流彼此在工作中的想法和建议，自认为比所有同事都高明，不听也听不进他人意见，认为自己的工作一个人可以处理好，而且也不愿参加同事间的集体活动。

想借着领导势力向上爬：在工作中，我们会见到这种人，他们和单位某声名显赫的高管关系密切，狐假虎威，把人事关系势利化。疏忽与其他同事的沟通和联系，忽视了基本的人情世故。

影响职业安全感的因素固然还有很多其他方面，但我们通过分析不难发现，产生危机感的原因更多是来自于我们的内心的不满足，不满足于现状，想要在职场上取得新的突破。

不必太过苛求——这从来都是一个沉重的话题。要知道，求之未必可得，而且就算得到了又如何呢？难道没听说过"高处不胜寒"这句话吗？我们之所以会有那么多的心理上的折磨，很大程度上缘于我们内心的欲求太多，为内心为外物所累。尽管我们不可能像孩子一样无忧无虑，也不能可能像神仙人一样悠然自得，但我们至少可以学一学古代的贤士啊。我们每个人都是平常人，所以要有颗平常心。不要总是妄想向上爬，找好一个更适合自己的位置，这样我们就会坦然得多了。

# 不忙未必就做不好工作

在现实中有些人总给我们这样的感觉：他很热情，也很勤快，乐于助人。如果你有事要他帮忙，他一定是满口答应："我抓紧，我尽快，我都知道，我按你说的办，一定办全面了。"可是事情到了最后却往往不是像他说的一样，一件事拖泥带水的好几天也办不利索，不是这儿不对，就是那儿办不好，明明事情你都清楚地交待给他了，但他却总是要丢三落四的，不是忘了这就是忘了那……

你要是跟他说，上次不是答应说一定办好吗？他却能满嘴是理："哎呀我很忙啊，一天这事那事的，都得我去办，别人根本办不了……"

王涛刚进学校时，同大多数同学的心情一样，也很想在三年中多学点儿本事，多发点儿论文，多积累点儿学术经验，可是，只见时光飞快地过去，但真正做出来结果的功课却少之又少，忙碌了两年多，还不知道自己的方向在哪儿。

回顾这两年的生活，王涛几乎每天都闷着做实验，做自己的实验，做别人的实验，甚至还要教人家做实验。做来做去，大部分时间都是类似的重复工作，终日碌碌，忙得没有时间坐下来喝口水，没有时间去思考消化，只有实验遇到困难实在做不下去的时候才去翻书求人。老师同学们都说王涛很能干，可是只有他自己知道，他自己真正得到的东西却没有多少，真正深入下去的实验也尚未接触，而就算那些好不容易弄得一知半解的也只不过是实验所能涉及到的部分。要说能耐，充其量他也就是个熟练工。

现在他想想，自己忙忙碌碌却还不如那些劳逸结合得好的同学懂得的多，不得不感慨道："忙碌不等于能干啊！"

如果细细观察，其实在工作中这样的人更是常见，表面上看起来，或东跑西奔，或伏案疾书，或又翻又找的，嘴也不闲着，一个劲地嚷着忙忙忙；给别人的感觉是忙得不可开交，好像一天做了很多的事情，可最后下来却没什么效率，不但任务没完成，而且质量也不合格。

赵普刚刚大学毕业以后进入了一家化妆品公司做销售，作为一个刚踏入职场的新人，他工作格外卖力，努力地完成主管交给他的所有任务，并且还主动帮助其他同事，以此来给自己在同事面前留下一个好的印象。可是每天刚一下班他就开始到处找同学诉苦，说自己每天从一上班就开始忙个不停，一会儿干这，一会儿干那，天天忙得晕头转向，看起来总是一副风风火火的样子，心里也乱得很，而且每到月底发工资的时候，心情更是五味杂陈。

但没过多久，同学发现赵普的牢骚和抱怨逐渐少了起来，刚开始那种风风火火焦头烂额的样子也没有了，每次见他似乎都很从容不迫。于是有好奇的同学就问他是什么让他变化如此之大。

赵普说："刚进入公司的时候，我内心一直感到焦虑，对于未来有一种非常紧张的感觉。现在的社会竞争太激烈，稍微不努力，等过了30岁就很难再有机会了。所以我很着急，听那些前辈说推销这个行业的基本工资不多，靠的就是业绩，所以说对于新人来说经验是最重要的。于是我就下定决心先积累经验，为了能加快经验的积累，我除了本职工作以外，还总是主动做那些不属于我的工作，心想如果我现在无论什么工作都接触一点，对以后一定的发展会有好处的。但很长时间过去了，我逐渐发现，我每天这么拼死拼活地工作非但没有积累什么经验，反而连本职工作的体系都没有抓到，而且对工作也逐渐失去了兴趣。后来我觉得自己不应该这样下去，就向一些平时看着很悠闲但又很成功的前辈请教。在他们那里得到的答案是一个人的精力是有限的，所以在有空完成额外工作之前，先要保证能够把本职工作做到家，如果本职工作都做不好，那么即使你能做再多的额外工作，你也是不合格的员工。听了这些话让我很受启发，从此以后我就专心地扑到本职销售上来，其他同事如果有问题，如果我有空我也会帮，但再不对其他本来不用我做的事大包大揽了。"

时间，是人生最宝贵的资源。传统的观念是要抓紧每一分每一秒去努力奋斗，趁年轻多忙一点。但这种想法已经被证明是错误的了，因为年轻时，我们会认为所有的事都是要紧的，而只要是"紧急"的事情，就要先处理，因此就会出现一种奇怪的现象，我们每天都忙于处理那些"急事"，结果天天就像在到处救火，一面忙得焦头烂额，但一面却似乎什么事都没做！这种"忙"越多就表示收获的结果越多？答案当然是否定的。人的事情有很多种，有重要的和不重要的，而且就算是最重要的事儿也有能够做到的有不能够做到的。而如果遇到了根本就做不到的事儿，那你就算一天忙个 24 小时，也会颗粒无收。

所以有的时候我们不妨照着 0.8 的生活态度，给我们工作的时间打一个 8 折，在忙的途中静下心来，分析一下，到底我们面前的忙碌是必须的还是可以省略的，我们是否有更好的方法去完成事情而不需要如此的忙碌。

现在就让我们回顾一下前一段的生活与工作，看看我们的时间是否都花得集中、花得有价值？如果答案是否定的，那么我们是否也应该学着让忙碌打个 8 折，说不定这样反而让我们更加有效率。

# 你可以像心脏一样工作

2004 年，曾有过这样的一则新闻："爱立信中国大区总裁杨迈先生因过度劳累倒在了健身房的跑步机上。"短短的一行字，却足以震惊大江南北，过度劳累这一长久以来一直存在却又容易被忽视的问题，在一瞬间被重视了起来。一直以来崇尚勤劳的中国人不敢相信，劳动居然还能致人死亡！

目前，伴随着我国经济的蓬勃发展，各行业内的竞争也日趋激烈，这给我们相关的从业人士带来了极大的挑战。一方面，面对如今爆炸式的知识增长，我们需要永无止境地进行自身充电，以免落伍；另一方面，沉重的工作负荷和竞争压力又使得我们疲于应对。

长期以来，我们对自身的健康并不是特别在意，尤其在没有病症发作的情况下，很少有人考虑过自己是不是存在着患病的隐患，很少有人能够做到对自己的身体未雨绸缪。

现年仅有 29 岁的金融行业精英张先生从没有想过，自己在年龄还没有到 30 岁的时候却不得不提前过上退休的生活。

事情发生在去年一个晚上，正在单位加班的他忽然昏迷。同事们赶忙将他送往医院。后经过几个小时的抢救，张先生第二天终于醒来，但已是百般憔悴。原来这已经是张先生连续通宵加班的第三个晚上了。由于从事的是竞争激烈压力极大的金融领域，张先生在平时就很忙，而最近他又参与公司的一个投资项目，工作变得比往日更加辛苦。不仅休息没有保障，连饮食也没有规律，这对于长期坐在办公室本来就缺乏锻炼的他来说就更加吃不消了。于是终于发生了上面的一幕。

张先生的主治医师胡大夫介绍说，张先生长期精神压力过大、工作时间过长，缺乏休息，身体时常处于超负荷运转状态，这就是病症的诱因。而幸运的是张先生病症在轻微的时候就发作了，如果不是这次晕厥使他注意到这个现象的话，很可能他以后会因为长时间的不注意而诱发心脏疾病甚至产生猝死。现在张先生没有生命危险，但他建议张先生以后不要再进行这么繁重的工作了。

其实，有的时候，那些长期处在高压工作下的人们并非完全不知道他们那样的劳累可能导致身体的不适，但因为过惯了无规律、快节奏的生活，他们对于掌握生活的节奏已经不知从何做起了。

其实在0.8生活态度中，就有一个提醒我们像心脏学习工作规律的概念。心脏是我们每个人都拥有的人体器官，但我们却很少有人关注心脏是如何工作的。心脏的工作可以说是既科学又艺术。它作息有序，从不拖泥带水，但也从不浪费体力，更不日夜颠倒打乱规律。

如果说评选世界上最高效、最低耗、最持久、最安全的工作者，那么，冠军非心脏莫属了。

首先，心脏出色的工作量是惊人的。心脏的重量不到人体重量的0.5％，约300克，但它却负责着人体的血液循环供给，由于人体全身的重量相当于心脏的200倍，也即是相当于一个人要为200人提供生命的能量，工作量何其大！心脏虽只有300克，但每一跳要搏出血液约70毫升，每分钟要搏出近5000毫升的血液，每天搏出约700万毫升，即约7吨的血，相当于心脏自身重量的2万余倍。

其次，心脏的工作是非常有智慧、有理性的。以正常人为例，正常人心率约为66－70次/分钟，即每一次心跳为0.9秒，其中收缩期为0.3秒，舒张期为0.6秒，即1/3时间工作，2/3时间休息，相当于我们的8小时工作制。到了夜间入睡，心跳变慢为50次/分，这时心跳为

1.2秒，收缩期还是0.3秒，舒张期变成0.9秒，也就是1/4时间工作，3/4时间休息。心脏自行改为6小时工作制了，心脏多么有智慧！

再次，心脏的工作休息是有序的，它抓紧时间休息，它从不拖泥带水浪费体力，更不日夜颠倒打乱规律。善于休息是心脏第一特点。更奇妙的是，心脏秀外慧中的灵巧艺术结构使它工作时耗能极少。由于神经传导的精密调控，各部位协调同步，心房心室的收缩犹如行云流水，和谐柔美，因而在完成同样工作量的情况下比任何人造的机器耗能都要少，体现了劳逸结合，中庸适度，自然和谐的完美境界。

最后，心脏还很有理性，它既敬业，又很懂得自我保护。心脏重量占体重的0.5%，但用血量却占全身的10%，这并非自私自利，而是因为工作量大的客观需求，是实事求是的。心脏还能从大局出发，当人体运动或遇到紧急情况时，不用指令，就能马上服从大局，根据需要加快心跳到150次或更多。这时每次心跳才0.4秒，收缩期0.2秒，舒张期0.2秒，即相当于12小时工作制。

了解心脏的工作方式，我们是否也应该得到了一点启发。正如列宁所说，谁不会休息，谁就不会工作。俗话说"没有规矩不能成方圆"，人要想获得健康，就应该向心脏学习，让自己的生活规律起来。春种夏忙秋收冬藏，自然因有其规律而不灭；发芽生根开花结果，万物因有其规律而长存。我们不能做到永生，但为了自己的健康、亲人的快乐、家庭的幸福，则必须养成如心脏般劳逸结合、张弛有度的好习惯。

## 偷得浮生半日闲：随时从忙碌中抽离，
## 学会忙里偷闲

有时我们会觉得很忙很忙，回头望去一路都是我们匆匆走过的脚印，每天从日出东方到夕阳西下，总会觉得时间不够用，感叹每天都过的太快。而每当新的一年来临时，我们抬头一看日历，嗨，这一年又过去了，想想去年，近在眼前又恍若隔世。但仔细想想，我们的去年似乎没做什么，看看周围，除了空长了一岁似乎什么也没有得到。

固然忙碌是一个步入社会的青年人该有的生活状态，但如果一味地忙、不知所谓的忙却很可能让我们在忙碌中失去生活的真谛。所以在忙忙碌碌的生活中，我们有时是不是可以停下来歇一歇，看一看周围的"风景"。

而我们所说的"0.8工作"就是指在为工作奋斗时，懂得合理地休息。当我们工作的时候要全身心投入，但当我们被工作困扰得无比烦躁的时候，也要懂得忙里偷闲，让自己歇一歇。

大学毕业那年，当时还被称作金领摇篮的五大会计师事务所招聘会正在校园轮番举行，在我们同学的心中引发阵阵悸动。不过，因为惧怕像某些企业那样"把女人当男人用，把男人当牲口用"的企业文化，最终真正去工作的只有秦朗一人，其他人基本上都去了国企或事业单位。

几年后，一次同学聚会，大家见到秦朗，聊天中发现他并没有传说中的那么劳累，还有时间约大家见见面、聚一聚，同学们都很诧异。有人便问，他可是"中国十大健康透支最严重的行业"中的一员啊，怎么会这么悠闲。

秦朗回答道，这也是经验使然啊。刚进会计师事务所的时候，他也是那种力争上游、唯恐拖小组后退的人，他从不拒绝加班，坚信"轻伤坚持不下火线"，好让自己尽快在行业中站稳脚跟。但没过多久，他看到普华永道女员工猝死的报道，就改变了想法。他不再一味地坚持不落人后的想法了，也不再视高级经理那个位置为奋斗目标了，他下决心要活洒脱一点，经常忙里偷闲，不时呼朋唤友，出来喝个小酒，一年休两三次假，携妻带子游山玩水……因为他明白了，钱有尽而生命无价，何必为了赚钱，过着没时间花钱的日子。

时间如同海绵里的水，只要挤总是会有的，这句话是鲁迅说的。而忙里偷闲好似雾珠成雨，滋润大地，汇成小河，流向江海，如此我们的快乐才能循环往复。忙里偷闲是一种洒脱积极的生活态度，也可以说是一种睿智工作和学习态度。

我们固然不喜欢工作，但为了生存我们不得不工作，今天如果不努力工作，明天有可能挨饿；我们固然不喜欢学习，但为了以后的工作我却需要刻苦地学习。忙碌可能是我们大多数普通人一生的主题，肩上的担子卸不下啊……喜欢的我们无法实现，不喜欢的我们总要面对。我们疲于奔命，苦于应付，无法享受生活真正的快乐。要知道，能够享受生活的时光可不是什么时候都有的，不要在能享受的时候疲于奔命，等到一切机会都已过去了再追悔莫及。

有个守财奴一生吝啬节俭，积攒了100万元。

不想死神突然降临，要夺去他的生命。守财奴这才意识到自己没有好好享受过人生，他对死神说："我把我财富的三分之一给你，你卖给我一年活着的时间吧。"

"不。"死神的口气不容商量。

"那就分50万给你，我现在只求你给我半年的时间，总可以吧?"

守财奴恳求道。

"不行。"死神还是不同意。

守财奴有点着急了，说："那……我把所有的财富都给你，你给我一天的时间行吗？"

"不行。"死神说完，走过来伸手要他的命。

守财奴绝望了，他向死神提出最后一个请求："请你给我一分钟时间，我要写下遗嘱。"

死神这次同意了守财奴的请求。守财奴用颤抖的双手，艰难地写下了行字："人们，请记住——你所有的财富买不到一天的时间。"

诚然我们不得不为了享受生活而努力拼搏，因为这样就失去了我们的衣食之源，而没有物质基础的生活必不久长；但同样，难道我们就一定要为了工作而放弃享受生活吗？如果是那样的话，我们的工作又有什么意义呢？

所以，无论工作多么重要，生活多么忙碌，为了我们的身心健康，我们也要学着忙里偷闲，给自己挤点时间换换心情，让偷闲的乐趣穿插在日常的工作中，这样也许就可以让我们的生活过得不那么枯燥了。

## 学会四象限工作法，工作的关键在于提高效率

当今的社会是一个需要我们能够独当一面、自做自主的社会。一旦我们步入社会，摆脱了家庭、学校的束缚，也摆脱了集体生活的束缚，我们每个人就都要为自己负起责任来。

在我们刚刚步入社会的时候，每个人对自己的能力都还没有一个系

统的了解，在学历、知识等各种基本素质相差无几的时候，有什么能够让我们在短暂时间内脱颖而出呢？那就是职业化能力！而职业化的能力又是如何产生的呢？那就需要我们培养职业化的习惯！习惯是指积久养成的生活方式。一旦行动养成，我们的行为就随之自动化，就不需要我们特意地去控制自己，只需要我们按规则去行动就可以了。

习惯一旦养成，就会成为支配人生的一种力量，它可以主宰人的一生。而良好的时间管理则是我们作为社会人所要养成的一个最基本的习惯，因为在同等的条件下，能够使工作按照要求完成的人一般都是工作效率高的人，而时间管理恰恰就是高效工作的基础。

我们每个人从小就都知道这样的格言"浪费掉的时间是生命，而利用时间才是生活"、"时间就是金钱"、"日月既往，不可复追"、"一寸光阴一寸金，寸金难买寸光阴"……地球永不停息地转动，时间是不会因人而异的。我们一天只有 24 小时，最成功和最不成功的人都一样，但为什么有的人功成名就，有的人却蹉跎一生呢？区别就在于他们是否会利用这有限的 24 小时。

耀华公司新近招聘到两个这样的业务员，两个人来自同一个大学的同一个专业，在工作中接受的任务也大同小异。但一段时间过去了，小张每天忙得焦头烂额，结果工作的进度却并不如意；而小李轻松自如，工作的进度却远远在小张前面。问题出在哪里呢？

小张的工作方法是：以"急"为重，每天最先处理的就是"急事"，有客户打电话来要材料，小张就立马放下手中的工作先去准备材料；上面的领导要小张写文件，于是他又马上开始坐在电脑前面写文件；有的时候要出外勤，这时就要放下手中的一切工作，即使有些事儿要比出外勤还重要……这样小张大抵就陷入了时间管理的圈套，每天都在救火，当然在他忙得焦头烂额的同时，内心深处还会拥有一种"忙"的成就感！但长此以往，成就感再大，也抵不上工作的进度啊，结果他的忙就变成了瞎忙。

　　而小李则不然，他工作的方法是：先轻重，后缓急。在考虑工作的先后顺序时，他会先掂量一下事情的"轻重"。同样是客户打电话来要材料，小李就会问客户可不可以等一段时间，等他把手中工作做好再准备；如果领导要他写文件，小李就会问领导的文件的重要性，如果没有手头工作重要，小李就会向领导明说，领导一般也都会体谅……这样等忙完了重要的事再回过头做那些不太重要的事，反而更加得心应手，比小张那种遇事就忙结果什么都做不妥帖的工作方式有效率多了。

　　其实我们不难看出，小李比小张高明的地方就是他懂得分清工作的轻重缓急！用科学的时间管理方式来提高工作效率，这样不仅工作效率高了，而且人也轻松了。

　　试问我们谁不想象小李一样工作呢？可并不是我们每个人都能作好自己的时间管理，那么我们就讨论一下最近最流行的时间管理方式——四象限工作法，来看看如何才能把时间更好地管理起来。

　　四象限工作法顾名思义，就是用限定框架把"急事"与"要事"逐一分类，确保我们在对的时间做正确的事。

　　第一象限是重要又急迫的事，比如每日的日常工作、临时加入但是十万火急的任务，等等。这是在考验我们对于判断力，对于事情重要性的解读。在这里我们最容易犯的错误就是缺乏有效的工作计划，从而导致本处于"重要但不紧急"的事情被我们归纳进来。

　　第二象限是重要但不紧急的事，比如对工作长期的规划、对工作中问题的发掘与预防，等等。这一象限的管理是低效工作者与高效工作者的重要区别，所以我们应该把多一点的精力投入到该象限的工作中，从而可以使第一象限的"急"事无限变少。

第三象限是紧急但不重要的事，比如电话、会议、突来访客都属于这一类。这一象限的事物我们最容易同第一象限混淆，因为迫切的呼声会让我们产生"这件事很重要"的错觉。但实际上，这些重要只是相对而言的，更多时候只不过是个应付的工作。我们花很多时间在这个里面打转，其实最多不过是在满足别人的期望。

第四象限属于不紧急也不重要的事，比如阅读、看电影、办公室聊天，等等。这一象限的事情更多是对生活的一种放松，对工作的一种调剂，如果我们闲极无聊时是可以做的，但一旦有正常工作在召唤，我们就应该果断地走出第四象限，回到工作当中去。

现在让我们不妨回顾以前的工作，看看我们是不是做到了四象限这样科学的时间管理呢？如果没有，那么不妨从现在开始就学着去试一试，说不定很快你也能走上既高效又从容的工作道路呢！

## 授权，让别人为你工作

当我们走入社会一段时间，随着对工作的日渐熟悉，在工作中我们多少会拥有了进一步的提升，手中握到了或多或少的权力。而随着我们手中的权力多了起来，相应的工作量肯定也会跟着多了起来，自己有自己的事，下属有事儿要找你，还要兼顾整个团队的发展。有些人就在拥有权力的同时，也给自己套上了一条繁重的锁链。

我们经常见到这种人，他们是单位的中高层领导，手下有着不少的下属，但他们每天却忙得像陀螺一样，毫无拥有权力的乐趣可言。

其实作为一个领导者并不需要事必躬亲，如果领导者将精力大多放在日常的琐碎小事上，那么我们可以断定，他的组织也是没有发展前途的。所以作为领导者应该学会合理地授权，尤其是要学会在遇到自己不懂的知识时，将处理问题的任务交给别人，而自己只负责决策和控制方向。这样既能给下属留下各自的发展空间，又能使自己抽出更多的时间去督导员工的工作，提高整个团队的工作效率。

三国时期蜀国的丞相诸葛亮的失败就印证了这一点，孔明先生可称得上是一代人杰，三顾茅庐，火烧博望，草船借箭，赤壁之战这些故事广为后世之人传诵，莫不显示其超人一等的智慧和勇气。

这些事情固然是他作为军师的本分，然而等他当上丞相的时候他却仍然日理万机，事事躬亲，连大军如何扎营、如何过河这样的事都要亲自过问部署，这就有点太过于大材小用了；乃至后来"自校簿书"，终因操劳过度而英年早逝，留给后人诸多感慨。而且由于诸葛亮长时期念于先主三顾茅庐之恩，白帝托孤之情，事必躬亲，想一切都为后主刘禅做好，弄得刘禅整日无所事事，只能与佞人为伍，以至于后来发展成为一个扶不起的阿斗，不能不说这是诸葛亮的失误啊。

所以诸葛亮虽然为蜀汉"鞠躬尽瘁，死而后已"，但蜀汉仍最先灭亡。这与诸葛亮的不善授权不无关系。试想如果诸葛亮将众多琐碎之事合理授权于下属处理，而只专心致力于治国大政，运筹于帷幄中，他又岂能劳累而亡，蜀汉群臣又岂能在他殒命之后出现群龙无首不知所措的局面？

从诸葛亮的失败我们可以看到，作为领导者，如果对那些具体繁琐的事务过于亲力亲为，反而可能收到不理想的效果。而合理地授权给下属，让他们去完成具体工作，反而会使其做得更好，还可以使他们得到锻炼，让其培养出独当一面的能力。

每个人都有自己的成就感和荣誉感，我们也希望通过自己的努力去独立完成一项工作。这就使领导者授权有了必要。成功的授权可以充分提高下属的工作积极性与创造性，同时，如果让下属手中的权力真正发挥作用，并且按照自己的意志行事，也可能使他们真正成为我们最可靠的助手。

但是授权并不是一味不负责任地放权，授权也一定要有方法、策略，如果授权不当，反而会使事情变得复杂，甚至可以导致整个团队的失败。那应该如何合理地授权呢，我们将其总结为以下几点：

第一：抓大权，放小权，保持控制。

在一个组织中，不仅有繁冗的、琐碎的日常事务，也有关系组织前进与发展的重要任务。作为领导者，我们不可能拥有足够的精力去应对这所有工作。这时，我们就必须将绝大多数单项的工作交给下属去完成，而自己只应该保留那些方向性的决策和突发事件来处理。这样既能保证把自己从繁杂的工作中分身出来，又能保证对组织保有控制。

第二：因事择人，视个人能力选择授予不同的权力。

授权不是一体均沾，更不是年终颁奖，而是为了将整个团队管理好而必须要做的一种用人策略。我们应该尽量在不同的下属当中，把他们熟悉的一部分工作让给他们，使他们能够对分给他们的工作得心应手，让人尽其才。这样也可以使他们感到自己是组织的一个主体，让组织更有凝聚，让下属更有责任心。

第三：要懂得有放有收。

我们不要将一个权力毫无限制地授予下属，而要适时地加以控制甚至是回收。有些领导者在授予下属权力后，就不再过问，使得上下级脱节，让自己的下属处于"权力真空"状态，反而让下属架空了自己；而如果我们无时无刻不对下属的权力运用进行监督，反而又会导致授权的失败。所以最有效的授权方式就是有放有收，让下属在其能力所可以处理的范围内充分发挥自己，也要保证他始终与整体团队部署相协调。

第四：不要越级授权。

这一条主要是对于高层领导而言的。在一个多层组织中，采取的一般是领导负责制，这种体制可以充分地体现组织的层次性。所以我们在向下属授权时，一定要掌握好分寸，先弄清我们想授予的权力到底是不是已经授予了他的上级，千万不要越级授权，否则，只会引起各级下属之间不必要的误解，而且可能会导致下属间相互扯皮，导致职责的混乱。

管理学大师彼得·德鲁克曾说过："精干的组织里，人的活动空间较大，不至于互相冲突，工作时也不用每次都向别人说明。"授权是一种必要的领导方法和工作方法。领导者应该懂得授权的艺术，只有懂得了合理的授权，作为领导者的我们才可能给组织带来长远的发展，也能够让自己过上一劳永逸的日子。

## 不要忽视团队的力量

我们生活在一个人与人的社会中，我们每个人的力量都是有限的，无论我们个人有多么厉害、多么能干，都不可能在各个方面都获得成功。

学过计算机的人都知道，编软件程序是最烦琐的事情，一个人最多一天也就只能编写几千行代码。但我们想想现在市场上的软件，动辄就是几十万行代码，对于个人来说那得多么大的工作量呀？况且即便写出来了，又怎么调试呢？由此可见，编写软件根本就是一个人完成不了的工作。

我们举微软为例，微软的软件编写是工厂化的，很多的工作甚至外包给了一些发展中国家，比如印度的高中生。他们的员工每人每天就编写几十行，甚至更少的代码，实现一个最简单的功能，比如说多少个变量累加。甚至那个软件编写者，都不知道自己编的软件是做什么的，在微软的软件中，被安装到哪个地方。

而在微软有质量控制体系，有精通软件系统管理的人，有精通软件模块分解的人，那些人是微软真正的财富。无论你是做什么行业的，无论你在哪个管理岗位上，把工作任务分解，甚至分解到一个普通人都懂的程度，然后训练这个普通人，迅速掌握工作的技能，这才是管理者最重要的重要工作。试想，以 Windows 的信息量，如果让比尔·盖茨先生一个人去完成的话，估计到了计算机都淘汰的时代，Windows 都还不能上市呢！

由此，我们可以看到，团队合作才是实现目标的理想途径。在我们这个联系越来越紧密的世界里，个人想脱离他人，凭借一己之力来实现理想，简直是难如攀天。


曾经有一个国内服装企业的王经理在与其竞争对手公司的周经理在行业交流会聊天时，为了突出他们公司的优越性，总是不停地吹嘘说公司条件是多么多么的出色，对分销商的政策又是多么的优惠。但到了最后，当他们谈到了服装经营企业最重要的一个环节——销售人员的时候，王经理说到他们公司的每一个销售人员都是业务精英，不论是产品宣传展销，还是与地区分销商的联系沟通都非常强。因为他觉得他们公司的销售人员每个人都是一块闪闪发亮的金子。而此时，周经理却并没有反驳王经理所说的话，只是笑着对他说："照你这么说，你们公司的人员确实都是人才，他们都是一块金子。但我们公司的销售人员，我只把他们当成一块一块的砖来培养。"

而事后的一年里，周经理所在公司的销售业绩突飞猛进，王经理所在公司的销售业绩则停滞不前了。不错，谁都想要成为像金子一样的人，但金子永远只能拿出来炫耀。而砖虽然本身的价值很低，但要知道那坚固无比的长城正是由一块一块的青砖铸成的。

无论在古代战场还是在现代社会，想要凭借一己之力就翻云覆雨太难了，因为一个人能力再强，精力总是有限的，总会有办事不周、料事不全的时候，双拳难敌四手就是这个道理；而一旦组成了一个团队，让团队成员在统一的指挥和带领下，相互沟通，交流协作，一致为一个共同的理想而努力奋斗，并且让团队成员在合作中形成优势互补，那么做事岂不会事半功倍。

秦末楚汉之争的胜利者汉高祖刘邦是一个文不能提笔、武不能上马的小混混，但为什么他能够取得最后的胜利呢？关键就在于他懂得团队的作用。

高祖曾问大将韩信："你看我能带多少兵？"韩信说："陛下顶多能带十万兵吧！"高祖心中不悦，便问"那你呢？"韩信回答说"多多益善。"高祖更加不高兴便说："既然这样那你为何还为我效力呢？"韩信回答说："陛下不善将兵，但善将将！"

其实韩信的话并非完全吹捧高祖，高祖自己什么都不行，唯独知道如何运用团队，战无不胜，攻无不克自然有韩信；转运粮草，支援前线，自然有萧何；运筹帷幄，决胜千里，自然有张良；冲锋陷阵，斩将夺旗，自然有樊哙。高祖只要把他们组合在一起发挥集体的力量就可以了。反观失败的一方——楚霸王项羽，用韩信"位不过执戟"，用彭越不足其欲，用蒯通不纳其谏，用范增气死其人，完全不重视团队的作用，刚愎自用，完全执拗于自己的能力，最后只得落得个自刎于乌江的下场。

康泰之树，出自茂林，树出茂林，风必折之。一棵健康高大的树木，一定是从茂密的森林中生长出来的，这棵树如果离开这片森林，风一吹来势必折枝散叶。

在现今社会中没有一个人单靠自己就能顶天立地。而组成一个团队，在团队的环境下尽最大可能发挥每个人的特长，使每个团队成员都人尽其才，最后化作团队优势，再将团队优势化成拳头，那就可以无坚不摧、无往不胜了。因此无论我们是想实现个人理想，还是想要成就一番事业，一定要学会借助团队的力量。

.8Hub is more buffer life, Happine.
., Happiness Win in the 0.80.8 Philosophy of t.
.8 Philosophy of Happiness Hub is more buffer life, Hap.
.ub is more buffer life, Happiness Win in the 0.8Hub is more bu
.in in the 0.8Hub is more buffer life, Happiness Win in the 0.8Hub is
life, Happiness Win in the 0.8Hub is more buffer life, Happiness Win in tl
.b is more buffer life, Happiness Win in the 0.80.8 Philosophy of Happiness
in the 0.80.8 Philosophy of Happiness Hub is more buffer life, Happiness Win in the 0.8Hub is more buff.

.iness Hub is more buffer life, Happii
life, Happiness Win in the 0.80.8Hub is more buff.
.8Hub is more buffer life, Happiness Win in the 0.8Hub i.
.er life, Happiness Win in the 0.80.8 Philosophy of Happiness Hub
.0.8 Philosophy of Happiness Hub is more buffer life, Happiness Win in
.ub is more buffer life, Happiness Win in the 0.8Hub is more buffer life, Hap
.life, Happiness Win in the 0.8Hub is more buffer life, Happiness Win in the 0.8Hub is more buff

## 第六章

# 为什么我们会爱到疲惫

## ——0.8 的距离产生美

　　爱是包容而不是放纵，爱是关怀而不是宠爱，爱是百味而不全是甜蜜，爱是一种从内心发出的关心和照顾，没有华丽的言语，没有夸张的行动，只有在点点滴滴一言一行中我们才能感受得到。所以当我们发现自己用尽全力地去爱反而弄得自己疲惫不堪得时候，不妨把这爱减少两成，用 0.8 的距离去感受爱的自在。

.osophy of Happiness Hub is more buffer life, Happiness Win in the 0.8Hub is more buffer life, Happiness Win in the 0
.fer life, Happiness Win in the 0.8Hub is more buffer life, Happiness Win in the 0.8Hub is more buffer life, Happi
.more buffer life, Happiness Win in the 0.8Hub is more buffer life, Happiness Win in the 0.80.8 Philosoph
.0.8Hub is more buffer life, Happiness Win in the 0.80.8 Philosophy of Happiness Hub is more bu
.Win in the 0.80.8 Philosophy of Happiness Hub is more buffer life, Happiness Win in the C
.ess Hub is more buffer life, Happiness Win in the 0.8Hub is more buffer life, Happi
.Win in the 0.8Hub is more buffer life, Happiness Win in the 0.8Hub is mor
.ppiness Win in the 0.8Hub is more buffer life, Happiness Win in the
.of Happiness Hub is more buffer life, Happiness Win in the C
.Happiness Win in the 0.8Hub is more buffer life, Hap
.e buffer life, Happiness Win in the 0.8Hub is m
.8Hub is more buffer life, Happiness Win
.Win in the 0.80.8 Philosophy of H
.appiness Hub is more buffer
.ppiness Win in the 0.8l
.uffer life, Happine
.is more buffr
.buffer l
.8Hu

# 有时，亲密也是一种障碍

　　唐代才女李季兰在其诗作《八至》中写道："至近至远东西，至深至浅清溪。至高至明日月，至亲至疏夫妻。"初读只觉得凉薄，但细细品味之后，才觉得充满了人生的哲理。情人本来就是没有任何关系的两个陌生人，在机缘巧合之下却偏偏成为最亲密的人，这岂不就是至亲至疏吗？因此爱情那微妙的距离原来从一开始就已经注定了，太疏，就成不了伴侣，而太密，也会成为一种障碍。

　　人们常说，人这辈子最重要的是感情，而爱情又是这感情中最重要的感情。情人虽然说没有骨肉血脉的连接，却是两个人之间最亲近的关系，因为父母无法陪我们一辈子，而子女我们又不能陪伴他们一辈子，只有伴侣，只有他或她才是我们人生路途中无法抛弃、如影随形的人。

　　在生活中的某个瞬间，我们会发现，身边的某个异性简直就是为我们而生的，这个人让我们有一种心灵互动的感觉。于是我们和这个人成为了情人，开始了相知、相恋、相爱，甚至到最后开始一起生活。但当我们开始变得越来越亲密以后，我们有时候却发现这个人身上的某些特征却是我们非常讨厌的，这个人的某些做事方式却是我们最不喜欢的。这时我们就开始怀疑，我们的爱情是不是出现了问题？

　　小惠最近十分沮丧，因为男友和她分手了，而更令她沮丧的是男友提出的分手理由："我需要透一透气，你对我腻了。"小惠大学期间没谈过恋爱，大学毕业后进入公司认识了这个男友。初尝爱情滋味的她迅速被爱情的甜蜜所俘虏，她恨不得和男友时时刻刻都不分开。两个人上班就在同一个办公室，一抬头就能看到，但小惠还是有事儿没事儿就给男友扔一张小纸条，发一条亲密的短信。下了班她就去男友的房子里给他收拾屋子做饭，直到非常晚了才回家，周末她自然也要男友陪在身边，不是要和他去看电影，就是要和他去逛街，甚至连男友想和几个朋友一块去踢踢球，小惠也要待在一边看，男友赶也赶不走……

很多人其实很怕压力，我们有时候为了对方不惜牺牲自己的社交圈子和兴趣爱好，全身心地黏在对方身上，但这样做的结果却往往是把对方给吓跑了。相反，当对方发现我们并不是那么依赖着他们的时候，那种对约束的恐惧感便消失了，取而代之的则可能是他们迫切地渴望成为我们生活中的一部分。

其实建立爱情关系的两个人之间要保持一定的距离。因为亲密的距离决定了爱情关系可以发展的程度，学会保持亲密距离，才是与情人建立长久爱情的途径。

亲密距离有三种类型"纠结型"、"疏离型"与"平衡型"。在现实生活中，我们每个人面对着自己的伴侣都会有这样的问题，都面临着"纠结"和"疏离"两个极端的考验：有些仿佛重叠的两个圈，过多地介入了彼此的生活；有些则像分开的两个圈，没有交集，形同陌路，不会互为悲喜。这两个极端，都让我们痛苦，真正理智的亲密距离，应该像部分交集的两个独立的圈，不太近，也不太远，谈一场张弛有度的爱情，在陌生人和亲人间寻找合适的距离。

爱情就如同是一艘小船，行驶在人生的大海上，而亲密就是海上推动船前进的风，只不过这风是我们能够把握的。如果风太小，船只前进就没有动力，但如果风太大，则会在海上掀起狂风巨浪，最后让船毁于一旦。所以，要驾驶好爱情这条船，我们一定要清楚如何掌握风的大小。

心理学家告诉我们："盯着一件东西看久了，你就会觉得看到的东西不再是印象中的样子，从而产生陌生感。当然，东西本身并没有变化，只不过是你产生了错觉。爱情也是一样，太熟悉了往往就经不起琢磨。"如果你与他早早地没有了距离，只会让他对你太过于熟悉而产生淡漠的感觉；倒不如制造点小距离来反思爱情，经常用一些以往没有尝试过的方式进行交流，或许能带来一些新鲜感。

## 用尽全力的爱往往适得其反

印度大文豪泰戈尔曾说过："不知节制的爱不能持久。它像溢出杯盏的酒浆的泡沫，转瞬便化为乌有。"

有的人回首前情旧爱，感慨良多，曾经那么地重视爱情，却屡屡被爱情甩掉；曾经那么地重视对方，却被对方当成野草！爱情，到底要我们怎么做？有时我们会不解地发现，那些爱得失败的人，往往是那些爱得最深切的人。

小张遇到一个女孩儿，他认为她是他一生的等候，他为了女孩儿倾其所有，他为了她放弃出国留学的机会，为了她放弃了大公司外企的工作，专心留在一个二线城市打拼，没日没夜地加班只为能尽快换来升职然后给她一个充裕的生活……过了两年，她提出了分手。

当我们将关注过度集中在一个人的身上时，那个人会感受到无法承受的沉重。《东京爱情故事》中，永尾完治对赤名莉香说："你给的爱太重了，我背负不起！"多么令人心伤的一句话！有些男女的分开，不是因为不爱，而是因为太爱。那些爱得太过深切的人，总在用爱把心爱的人逼跑。

所以我们在恋爱中应该永远致力于一项工作，你若想彻底拥有对方，便不能让对方感受到那种彻底拥有你的感觉！因为对一个人完完全全负责是需要多大的勇气啊！

而且其实人的本性中，有一种天然的"贱"性：越是无法完完全全拥有和主宰的东西，越是珍惜和重视；越是那些不费吹灰之力便收入囊中的东西，越不在意它的价值。如果真爱上了一个人，对方总希望能爱到100%，而当我们真的付出了100分的热情，也就意味着，对于对方而言，我们已经不再神秘，因此对于这段爱情，对方已经不再有幻想的空间了。

我们每个人在小学课本上都学过这样的一个故事：刺猬身上长着又硬又尖的毛，但当冬天天气寒冷的时候，它们又想聚在一起靠互相的体温取暖。可当它们靠近时，身上的尖毛就会刺痛对方，于是它们立即分开，可是分开之后，又很冷，于是因为寒冷它们又聚在一起，聚在一起因为痛又分开，分开没多久又要重新靠近，反反复复多次以后，它们终于在彼此之间找到了一个最佳的距离，既能彼此温暖又不互相伤害。

其实，对于爱情来说也是一样的，用力太少，感受不到爱的存在，用力太多，却容易伤了对方，因此聪明的人会找到一个恰当的力度，不轻不重，恰到好处。他们对于爱情的认识是，只需要用八成的力度就好了，这足以帮助自己维持好一段最佳感情状态，而且又不会太累，多出来的那两成，我们还可以用来分给友谊或亲情！

那些想爱，却总被爱所伤的朋友们，在爱情面前，先别太心急；在进入恋爱之前，先修好这0.8的课程。这八成重量的爱情哲学也许会让你们的爱情之路走得更顺畅一些……

## "我的闺蜜不带你玩"——保持自己的朋友圈

"一定要保持自己的朋友圈！"我们可以看到，很多人在未结婚前，朋友成打，去哪里都能三五成群，和朋友们无所不谈，业余活动十分丰富；可是一旦结了婚，用不了多久，朋友们就都失去了联系，只沉浸在两个人的世界里。

和男女需要保有各自的兴趣爱好的道理一样，夫妻双方也可以有不重合的朋友圈，因为夫妻之间不可能永远步调一致，当夫妻间出现了一些乏味时，朋友圈是我们最好的弥补。范晓萱不是唱过么："姐妹们的聚会好happy……"夫妻间可能会出现一些小小的摩擦和误会，而这个朋友圈就是解决这摩擦和误会的良药，因为我们开心的时候，朋友们会跟着我们一起开心，而我们伤心的时候，我们也可以在朋友那里得到最需要的触及心灵的慰藉。

很多人结婚后，心里和眼里就都只剩下伴侣，却没想过在长长的一生中，虽然婚姻生活有可能会占去一大半，却不代表你只需要伴侣。伴侣也会有我们触及不到的生活，同样的，我们的生活中也有伴侣无法照顾到的角落。在这种情况下，如果我们没有保持自己的朋友圈，那结果可能会非常后悔。

阿玲和闺蜜小丽从认识算起已经有15年的交情了。她们俩是初中同学，后来，又一起考上了同一所重点大学，两个人平时经常一起逛街、泡奶茶店、淘衣服，几乎形影不离，无话不说。

大学毕业后第二年阿玲就结婚了，小丽还作为伴娘出席了婚礼。看着阿玲和丈夫幸福的一对，小丽送上了真心的祝福。但婚后的阿玲却逐渐开始和小丽疏远起来。原来她的老公出身富商家庭，自己也是个成功商人，阿玲嫁入丈夫家之后和小丽的身份差距自然就拉开了。况且阿玲自从结婚之后就辞去了工作，认为既然嫁给了老公，就应该全身心地融入到老公的生活中去，将自己的生活毫无保留地放进老公的圈子里，连老公劝她多注意一下保持自己以前的朋友圈她都不听。

但慢慢的，她开始为无聊的生活所困扰，豪门虽好生活却十分乏味，再加上老公经常出差在外，阿玲有的时候觉得真的是在混日子，这时候她想起了曾经的闺蜜小丽。她想起她们以前在一起的开心日子，她想如果还能有小丽在身旁该是多好啊，就算陪自己说说话也可以啊。但当她拿起电话拨通小丽的号码的时候，却发现由于太久的疏远，她已经不知道该和对方说什么了⋯⋯

很多人会为阿玲感慨，说她有了老公就忘了朋友。但仔细想想我们有多少人是和她一样呢？其实我们很多人是没有认识到在婚姻之外保持一个朋友圈的重要性的，很多人不过把朋友当做拥有伴侣之前的过渡阶段，但让我们仔细分析一下，我们就会发现，朋友的作用远不止这些。

首先在朋友那里我们能够得到支持和理解。朋友之间的谈话是具有很多价值的，由于同性和同性之间互相了解的程度深，沟通也就更开放、自然，因此也就能够给予对方同等的、更多的信任和支持。

其次朋友多有益身体健康。亲密的关系是一种良性的社会联系。朋友多的人患心理疾病的概率要远远低于孤独的人。因此一个人要保持身体健康，不仅需要锻炼身体和正确的饮食，同时更需要加强对友谊的维护。

最后朋友多还有利于婚姻关系。我们待在伴侣身边的时候，行为有时候会不自觉地发生改变，很多时候碍于为对方考虑，我们不能自作主张，这样长时间下来难免会产生心理疲劳，对伴侣产生抵触情绪。但跟同性相处时就不会有这种感觉，可以自由地交换意见，了解对方的想法，不必猜忌，也不必担心对方曲解自己的意思，能够尽情享受情感的滋润和乐趣。带着放松了之后的心情回到婚姻中，反而能让我们更好地与伴侣相处。

其实保持一个朋友圈说起来就是关于夫妻生活交集的一个度的问题。既然夫妻生活的完全重合是不可能的，那就不妨拿出20%来经营自己的朋友圈。当然这并不是说夫妻的朋友圈不能重合，而只是提醒我们要保留夫妻交集之外的那一部分属于自己的圈子。对方可以知道这部分的存在，但是不一定要参与。那么在对方讨厌大蒜可你就喜欢吃卤煮的情况下，你可以去找你的朋友。

## 你踢足球，我看韩剧，要注意对方的个人空间

男人和女人在很多方面都是有明显的不同的，比如在兴趣爱好方面：从小，男孩子好动喜欢整天打打闹闹，而女孩子则比较文静，喜欢过家家、玩洋娃娃什么的。这种性别带来的差异在成年人身上就会体现得更明显，就比如电视节目，女人一般看电视剧，而男人面对着体育节目则总是迈不开腿……

相爱的两个人总是会渴望二位一体，无论做什么都要一起，但是拥有不同的兴趣点实在与爱不爱对方无关。与其逼迫对方睡眼惺忪地陪着你熬夜看那催人泪下、九曲回肠的韩剧，或者让她一脸茫然地看着电视里22个人追着一个球疯跑，不如给对方自由，让她无拘无束地享受自己的兴趣吧。因为道理很简单，若是因为对方不感兴趣，让我们去做那些我们不喜欢的事情我们也不会高兴。

其实恋爱就是培养爱情的过程。恋人之间的情感应该在于培养，而不在于占有，相互给对方一个空间，有时候反而会使爱情更加茁壮。

爱情的基本原则应该是互相满足，而不是互相强迫。因此，只有尊重与保护对方的自尊与需要才能获得爱情。个人空间是现代社会实现自我的可能。限制恋人的空间，会影响到他的自我实现，引起他的反感。同时，如果对恋人的个人空间不能很好地理解和包容，无端地猜疑与监督，反而会使恋爱早早夭折，严重的甚至还会影响到自己以后的生活。

昨天晚上小朱的老公去他同学那儿玩了。直至11点多，他还没回来时，小朱想让他回来，他却打来电话说不回来了。小朱有点生气，就给他回了句短信"不想回来就再也不要回来了"。

小朱趴在窗户上往大路上看，每当有一个人影闪动，都在想会不会是老公，等了10分钟小朱失望了。正在她坐在床上暗自伤神的时候，听到门外有钥匙开门的声音。老公还是回来了，她的心中掠过一丝的惊喜！

小朱坐在床边穿鞋带，由于难过，也没抬头看老公，只听到他的叹气声。小朱知道，对于今晚上的回来，一点也不情愿，于是谁也没有理谁，各自洗漱，各自睡觉。

躺到床上后，丈夫想找一些话题打破僵局。小朱却不想理他，对于他所说的话，也都是附和着。找了一些这样的、那样的话题之后，丈夫终于憋不住了，跟小朱说："我给你说一句话，你也别往心里面去。"

小朱嗯了一声，丈夫便说："你以后能不能别在我朋友面前给我难堪！"

小朱听了很纳闷，什么时候给过丈夫难堪了，不就是打个电话让他回来嘛！于是小朱说："我没有那意思，我只是想让你知道我想你回来。至于回不回来，那是你的事。"

丈夫想了想说了句："我感觉我都没有一点自己的空间了，每天晚上你一叫我就得回来，在朋友那里一点自尊都没有……"

小朱听着丈夫委屈的陈述，突然笑了起来。她想，其实丈夫只是希望能跟朋友喝喝酒，聊聊天，这个要求对于一个已婚男人来说也不算过分啊，自己为什么不能给他点时间呢？想来自己也真是有点过分。丈夫结了婚就意味着要对自己负责一辈子了，做出对不起自己的事儿是绝对不可能的，也许有的时候，他只是想偷偷懒而已。

爱情需要空间，这种空间既是自尊，也是尊重他人。毕竟人是有思想的、独立的、完整的个体。在这个私有的社会中，每个人都应该获得自己的空间。相距太近了，每个人的利益空间就相对狭小了，摩擦的机会也就多了。摩擦多了爱情还会长远吗？如同一只热爱自由的鸟，一定要生活在森林里，我们却为了喜欢偏要把它抓来关到笼子里，那结果又会怎样呢？

其实爱情中两个人的关系如同其他类型的人际关系一样，需要有适度的距离，不是越密切越好。从心理学角度看，心理相容是建立良好人际关系的重要条件，而促进心理相容的途径之一就是彼此缩短心理距离。从这个角度说，彼此之间的心理距离小是件好事。

可是，物极必反。人际距离太小了，也会令人不舒服。所以要保持距离，给对方足够的心理自由度，不能指望天天靠在甚至缠在对方身上过日子。最好的办法就是建立生命的多个支点。

人生在世，本来是靠多个支点才能自立于世的。除了爱情我们还有亲情、友情、事业、爱好，等等。在爱情中，我们不妨就只占用互相80％的空间，将那20％让出来给互相发展自己的其他支点。这样拥有多个生命的支点，我们在心灵深处形成成熟、独立的人格，也就更能成为独立的个体。只有爱情中的双方是两个独立存在的个体，相互之间有足够的心理空间，这样的爱情才能更长久、更牢固。

# 别把关心变成管制

自从《手机》的电影播出之外，手机对男人来说，便不再只是联络工具，而是成了妻子、女友的查询工具。而到底能查出多少的奸情与暧昧故事，我们不得而知，只知道当夫妻之间需要用"查"来确认忠诚时，无疑已经出现了问题。

偶然之间看到一个女人在网上发表的文章，她非常烦恼自己老公的小气，说是从婚前，这个男人便经常会查看她的手机短讯，甚至动用黑客破解她的 QQ 密码和电子邮箱，为的是查看她在网上是否有与别的男人暧昧。而当博客流传开来时，喜欢文字的她也开了个博客，并发表了不少的文章，这当然也逃不过她老公的法眼了。这个知性女子的文字有很多人喜欢，当然也就有网上的异性给她留言表示好感了。每每看到那些"暧昧"的留言，她的老公便不顾风度破口大骂，令她烦恼不已。

盛怒之下的她和老公难免有了些或大或小的争吵，她觉得自己是个比较理性的女子，和老公相处的几年，从来没有做过出格的事，而她的老公如此干涉她的自由，捕风捉影地乱吃干醋，不只是对她的不信任，还对她本身也是极度的不自信。在她的劝说下，她老公也觉得自己做得过了火，并因此答应从此不再干涉她的自由。

可是没隔多久，她又发现她老公再一次偷偷地破解了她的电子邮箱，正好看到她和一个网上的笔友通的信，原本也没有说什么，可是当她老公知道那是个异性时，竟然大骂她是水性杨花，在网上和别的男人谈情说爱。

其实适当的关心，会让对方觉得你对他在乎，但是如果这关心有点太过了，那就变成了管制，却会让人有种被禁固的感觉。婚姻并不是牢笼，每个人除了丈夫、妻子这个身份之外，最重要的是他还是他自己。人都是有叛逆心理的，如果你对他太过关心，抓得太牢，让他有了受到约束的感觉，反而有可能把他推向离开你的极端。

文兰的男友很关心她，从恋爱的第一天起就是从头到脚地关心。在一开始的时候，文兰觉得很温暖很幸福，可是最近她却觉得他越来越烦了。

一天三顿饭，饭后她要汇报吃了没有，吃得好不好；睡前要发短信聊会儿天；晴天不要出去，非出去不可要记得涂防晒霜；雨天不要出去，非出去不可要坐车去；天凉了要加衣服，不要太在乎形象，因为毕竟已经有男朋友了；天黑前一定要回家，天黑了最好就不要再出去了。

对于这样无微不至的关怀，文兰有时候真的都快烦透了，可是又不愿意说，害怕听他那种苦涩的声音，但有时候却又真的忍不住想和他分手。他们认识两年了，其实不常见面，除了他要求的电话短信太多以外，文兰觉得男朋友还是很好的。

但是他们一天不打电话不行，一天不发短信不行，就好像天天在一起一样。文兰有时候真的希望能过几天清净的生活，有时候极端地想哪怕让自己轻松地过几年单身生活也好。可如果和男朋友实说，又怕他受到伤害，而且文兰也很不忍心割舍这段感情。现在的她真不知道该怎么办才好。

人总是如此的矛盾，有人管的时候我们觉得失去了自由，可没人管的时候，又会觉得自己孤独；如果伴侣太过关爱，就觉得对方他束缚自己，如果伴侣对自己放的很宽，又开始觉得对方不够关心自己。人与人相处真是一门大学问，伴侣之间就更是如此。

其实伴侣之间的相互关系说简单一点就是一个度的问题，像做菜，多放盐就咸了，就不能吃了，少放盐就淡了，就感觉不到滋味了，所以真正懂得互相关心、互相体贴的伴侣都能很好地掌握这个度。而对于并不知道该如何掌握对对方关爱的人来说，我们就不妨从 0.8 学起，先把自己对对方的关系打个八折，让出 0.2 的空间来给对方透一透气，这样在让对方放松的同时，自己不是也可以得到放松吗？

## 即便结婚了，也要给对方留点私房钱

20 世纪的时候，张爱玲就说过："爱一个人要爱到张口问他要零用钱的地步，那真是相当大的考验。"在现代人身上可以反过来说，爱一个人爱到完全不问他有没有私房钱的地步，那真是相当大的考验。

其实男人的私房钱曾引起过社会广泛的关注。有记者曾调查发现男人办公室有"小金库"的，占 85％以上。媒体披露以后，引起中国城市妇女界一片哗然，立即掀起一场清剿"大丈夫小金库"的飓风行动，成绩当然斐然。大丈夫们一夜之间就进入无产阶级行列，第二天卖烟的、卖报的、卖零食的全都跌入熊市。

女人只会死记硬背"男人有钱就变坏"的口诀，却不了解"变坏"的市场行情是什么，只是一根筋地盯住了丈夫的钱包。

当男子汉大丈夫最后的一点尊严被剥夺以后，笃信"不可一日无权，不可一日无钱"的男人们愤怒了，他们要和老婆讨回公道。虽然你不淑女，但我一定要绅士；好男不跟女斗狠，我们就斗智。于是"设立小金库"PK"清剿小金库"的男女大比拼如火如荼地开始了！

自结婚以来，小妮还是第一次三天没有和老公说话。原因是他私设小金库半年多，小妮竟一无所知。

要说小妮家庭的收入并不少，夫妻两个人工资 6000 多，贷款每月扣1200，两人还没有孩子，老人们也不用每月给钱，所以每月都有至少3000元的剩余。

小妮的老公不抽烟，就喜欢和朋友喝点小酒，但从不去酒吧不去歌厅，也不自己买衣服，基本上是个节俭的人。为此，小妮也不用每月定额给他什么钱，就是有时想起给他，他说也不用；有时翻他的兜，实在没什么钱，赶上有个事，也给他些钱，有时他也不拒绝。

但是最近，小妮得到准确的消息，老公一个月还有很多杂项的补助，小妮托老公单位同事拿来详细清单，一看，每个月比上交的多了600元整。小妮看了立即火冒三丈，回家就质问老公。老公一看证据确凿，只好供认不讳。小妮于是就开始发作："我一直都在相信你，别人和我说，我还真没信。谁料想，你一直都在骗我……"

老公被小妮吵得烦了，躲到客厅去睡，第二天没吃早饭就去上班了，留着小妮一个人在家为这600元钱赌气……

其实说来可笑，我们每个人来到世界都似乎总要面对着争取自身独立的问题，在结婚前要争取在父母面前独立，而结婚后还要争取在配偶面前独立。

其实日常生活中，对于配偶的私房钱并不是一定要抓得那么紧，很多夫妻都是有各自的"小金库"的。建立小金库是为了实现各自的"财务自由"，这种现象很难杜绝，因为毕竟为了一瓶水一包烟而请示老婆大人也很不像话，只要建立的"小金库"不会影响家里的"大金库"是没事的。

也许会有人问到这样的问题："那家里的钱还是应该有一个人来管啊！"正确的回答是"共同理财"。因为毕竟钱是两个人挣的，当然也应该由两个人管。不要让双方心里都产生不平衡的现象，毕竟没有谁能够决定两个人共同的钱财使用，而在不耽误共同理财的前提下，给个人一部分自由支配的财产，对婚姻是有益无害的。

婚姻本是本糊涂账，有时候该清楚的地方是得弄清楚，但有些无关大雅的事该放过也得放过，要真正地将日子过顺当，让婚姻生活过得更加美满，那么对对方的所有财务情况都知根知底也未必是一件好事。

在互相信任的基础上，个人保留对各自小金库的支配权是非常必要的，我们大可不必对对方太过吝啬，有的时候抓紧80％放出20％也不失为一种妙招，不但能给对方一个好的心情，说不定也会为自己带来一些惊喜。否则等你生日的时候他都要找你要钱给你买礼物，你说是他窝心还是你窝心啊？

## 不妨试一试分开旅行

"尊重各自的决定维持和平的爱情，相爱是一种习题，在自由和亲密中游移。你问过太多次我爱不爱你，给你我的心，计划是分开旅行啊……休息一下不需要那么的密集，不必每一秒钟都粘在一起。你问我爱不爱你这个不是个问题，早就说过需要空间才能继续。我也真的不希望你离去，我们就试试看各走各的路。"这是著名歌手刘若英的单曲《分开旅行》里的一段歌词。

相爱，就应该是两个人像树缠藤、藤绕树那样，时时刻刻地连在一起吗？这样的爱情观其实早就已经很落伍了！一对成熟的恋人应该懂得给彼此留一个空间的重要性。两个相爱的人，也不会有着百分百共同的兴趣，再加上还有各自的家人、朋友、同事，偶尔给双方"放个假"，绝对无可厚非。最近网上一项非正式调查结果也显示：近千名受访者中，就有30％曾经和另一半分开旅行，而那些还没有过类似经验的，则有40％的人打算以后有机会尝试一下。

两个情侣甜甜蜜蜜地一起去旅行当然最好不过，但偶尔各自去度个短假，其实是非常有益于维持两人间的感情的。旅行可以让人放松心情、开拓视野，各自旅行回来之后，还可以分享全新见闻、体验、心情，让两个人更有话题，使感情世界更加充实。有的人就非常赞成分开旅行。网友苏斯说："现代的人越来越讲求自我空间的保持，尤其是女性，谈恋爱结婚都不应和家人朋友疏远，或和社会脱节，不能一结婚就变成围着老公转的小跟班，应该继续保持一些自己的独立性。再说，欣赏艺术品都要有距离才看得出美，男女双方也需要距离来体会对方的可爱。"

其实我们不难发现，现实生活中，那些并不能每天都在一起的情侣反而显得更加亲密，他们的生活反而比那些一天到晚腻在一起的情侣更加幸福，这就是距离对于爱情的作用。然而我们并不是每个人都处于和情人分居的状况下，也不是每个人都愿意跟情人分居，那么在不是在异地工作或者不愿分开的情况下，就不妨试一试分开旅行。

分开旅行能够使人完全放松，让彼此有呼吸空间，还能够在路途中储蓄思念，要知道小别胜新婚啊；同时还能够找回自己那个让对方爱自己的特点；也可以尝试一下重新恋爱的感觉，在路途中给对方写写许久没写的情话；而且分开旅行会让我们暂时处于单身，两个天天在一起的人时间长了肯定会腻，过过没有情感包袱的清淡日子，不失为一种很好的爱情保险术啊！

但分开旅行也应该注意一些事情：

首先在决定分开旅行前，一定要先和对方商量。有的时候情侣或夫妻分开旅行的原因，是一方认为对方不会对此感兴趣，或者以为对方不能放假。不过事实往往不一定如此。所以确定分开旅行的前提一定要是双方的决定，千万别只是单方面作决定，突然玩儿消失。

其次分开旅行应该在一段健康的感情基础上进行，而不应该成为躲避对方、逃避感情的借口。否则分开旅行很可能会成为外遇的温床。

还有，虽然说分开旅行的费用应自己承担，但应该尽可能让另一半知道会花费多少。尤其是夫妻之间，财务方面应该互相尊重，而不是有所欺瞒，一方更不应该在对方毫不知情的情况下动用两人联合的储蓄金作分开旅行。除了分开旅行，小两口也会有一起旅行的时候。不要只顾着计划分开旅行，而忽略了和另一半一起去旅行的机会。别因为分开旅行把所有的旅行储备金和年假花光。

最后，分开旅行一定要将自己的计划毫无保留地告诉对方，让另一半知道自己的行程，别让他无谓地牵挂和担心；否则的话你倒是放松了，对方可是要为你紧张得坐立不安的。

其实分开旅行，在没有伴侣"跟班"的情况下，就是给自己的爱情放个短暂的假期。这时候我们可以暂时跳出感情的纠葛，享受一下单身的生活。这时候你可以趁机在当地学一些自己喜欢的技艺，比如上烹饪课，学煮地道的当地美味佳肴，上手工艺课，做些带有当地特色的工艺品回来送人……这些都可以缓解日常生活的无趣，给你的生活增添无尽的乐趣。

想想吧，为什么总是要占用彼此的一切时间，不妨让出 20% 来，也给自己一个单身旅行的机会。

## 你带孩子我休息

有人说，孩子是维系婚姻的纽带，当一对夫妻有了孩子之后，双方往往会因为各种各样的琐事而在现实层面上变得关系更加紧密。但同时，因为注意力的中心都转到了孩子身上，夫妻双方尤其是妻子的自我生活却也在不经意间被忽视了。

这时候，作为女人，在一定的范围内保持自我就显得更加重要了，因为男人是社会的主体，婚后女人可选择的生活本来就不多，开始的时候大多围绕丈夫转，等孩子出生后又开始围着孩子转，如果这样任由日常的琐事困扰自己，将自己的全部生活都交给繁杂的家务，那么渐渐的也就会对婚姻生活感到乏味和困倦了。

王小姐在坐月子的时候，正好赶上国庆60周年放长假，她心中暗想："这下老公可以帮我带几天孩子了。"可谁曾想早上一起床他老公就把电脑搬到阳台上，开始玩起网络游戏来，还一个劲儿地向她解释："等到夜里咱们倒班儿，夜里只要孩子一哭，我就来换尿布。"

结果没想到白天老公在阳台上着了凉，说自己似乎得了感冒，晚上吃了点药就睡得跟个死猪一样。后来，孩子醒来，王小姐怎么叫他也叫不醒，索性也不叫他了，收拾完尿布再喂奶，在地上转几圈，累得腰都直不起来了，委屈地哭了……

第二天早晨，她和老公大吵了一架，当时简直给气疯了，不知道哪儿来的那么大脾气，只觉得自己是又辛苦又委屈，气得一边哭一边给孩子喂奶……

其实王小姐的丈夫是不对的，但王小姐也完全可以心平气和地说出自己的要求来。在家庭生活中家务事本来就不该是女人一个人的工作，即便是带孩子的时候也不例外。

男人应该主动为女人分担一些，有时候在家带带孩子，让女人短暂地从家庭琐事之中解放出来，做一做她们自己想做的事情，见一见许久没见的朋友，找一找忘怀已久的自己，这样既有利于夫妻和谐，还可以增进男人和孩子的感情。

周先生家里平时都是妻子做家务，又要照顾两个孩子，还要做饭，因此家里往往搞得非常凌乱。上个星期天，周先生的公司也没有事，所以他可以在家里躲清闲。这时妻子要带孩子看医生并出去买东西，嘱咐他把家里的地拖一下，周先生随口就给应和下来了。

但等他开始拖地的时候，仔细一看，真是这儿也脏那儿也脏，真的是无从下手，于是干脆一件件来吧，先是整理了茶几和餐桌，然后把客厅里的东西归好类，擦干净，然后再用笤帚扫一遍屋子，感到整洁了，就一遍一遍地拖，最后又用干拖把再拖，做到最后真的是自己感到满意了才罢手。

这期间妻子中途回来了一次，直夸周先生的地拖得干净。因为再出去一次，顺便让他把饭也给做了。周先生也高兴地答应了！不到一会儿，一桌秀色可餐的饭菜就做好了。正好妻子带孩子回来了，看到热腾腾的饭菜，她是真高兴。

吃过饭，妻子试探性地问周先生可不可以帮她看一下午孩子，周先生想都没想就答应了。妻子立即高兴得无法形容，抄起手机给以前的姐妹们打电话，约大家出来聚一聚。

妻子出去了，周先生一个人在家里带着两个孩子，可真是不省心。两个孩子一会儿要吃冰激凌，一会儿又要看动画片，看了一会儿又想去踢足球，还因为玩具的问题打了起来……周先生真是被他们俩弄得顾此失彼，但想到妻子的每一天都是这么过来的，周先生不由得对妻子更加感激了。

晚上妻子回来的时候，周先生已经累得不行了，但看着妻子开心的表情，周先生的心情却豁然开朗了。他想做家务虽然累，但却可以为妻子分担、让妻子得到放松。结婚之后尤其是有了孩子，他已经很少看到妻子如此的放松了。

而且周先生还发现，只要他用心去做，愿意去做，一般的家务还是可以做好的，就是带这两个小家伙，最后还不是把他们治得服服帖帖了嘛，而且还能让妻子感觉到自己的关心和疼爱，为什么不呢？

也许有的女人嫌丈夫毛躁，不敢让丈夫帮着带孩子，其实她们更应该给丈夫一点时间。孩子在妈妈的肚子里已经有十个月了，妈妈和孩子有一定的感情。但父亲的角色却要男人慢慢地介入。

　　适当地让老公和宝宝天天在一起，为孩子付出，让他去体会带孩子的苦和累、甜和笑，渐渐的他才会有做父亲的亲身感受。做妈妈的不能太性急了，哪怕你的男人洗尿布洗不干净，抱孩子不敢下手，不小心把孩子往地上掉，或是哄着孩子睡觉，自己先睡着了，孩子却小眼圆睁，这些统统都是可以原谅的。要相信孩子他爸，他学起来会比任何人都快。这需要一点时间和一点鼓励，也需要一点耐心和一点要求。

　　而且有的书上说，父亲带大的孩子智商高。做母亲的偶尔将孩子交给父亲，腾出一段时间来过自己的生活，又能提高孩子的智商，又能将乏味枯燥的产后生活变得生动有趣，何乐而不为呢？

# 为什么别人总不能令我们满意

## ——多想对方 0.8 的好

也许他偶尔忽略了你，误解了你，或者他的某些做法你看不惯。但人无完人，想到他 0.8 的好处，剩下的也许就可以忽略不计了。而且，通过接纳别人的失误，你也不会对自己那么苛刻了。人至察则无徒，放松心情，只求坦诚道同就好。

## 不满人家，苦了自家

生活中，很多人会对身边的朋友家人表现出近乎苛刻的行为，尤其抱持着"理想主义"的人更以完美为标准，认为只有与完美的人交往，自己的人生中才不会出现"遗憾"与"缺陷"。所以，他们常常对别人的缺点不断地指责，要求别人达到自己的要求。

其实，在人际交往过程中，如果对别人苛责，说话有攻击性和杀伤力，不断地夸耀自己的才能和本领，指责别人这里不对那里有错，怎么可能会有人愿意和你做朋友，愿意和你沟通？长此以往，你就真会变成"孤家寡人"了。

侯耀文先生有一个相声《小眼看世界》，在其中他将一个处处不满别人，气人有、笑人无的人很好地诠释了出来。

侯先生在相声中饰演一个处处嫉妒别人、对身边所有人都不满的城市小市民。先后不满意自己的邻居赵黑子、王老师、老赵家二小子、老孙家二嫂子，到处找人家的毛病，抓人家的过失，挑拨人家家庭不和，给人家的生活制造障碍，最后非但没有让别人怎么样，反倒把自己气进了医院。面对前来看望他的邻居，她终于羞愧得无地自容。

生活中也有不少这样的人，看到的都是别人的缺点、短处，俗话称为"生闲气"。与其拿别人的短处惩罚自己，不如多看对方0.8的好。与人交往要懂得相互容忍，与人为善就是与己为善。《汉书》有云："水至清则无鱼，人至察则无徒"，对于那些并不能令我们很满意的人，我们不妨退一步，给他的缺点打个八折。这样，我们日常的矛盾就会少了很多。

其实，在生活中每个人都是一个平常人。既然我们本身都不是圣人，那就不要去要求别人成为全无过失的圣人。很多人之所以活得不快乐，就是因为拿着放大镜看别人的缺点。

曼德拉为了实现种族和解受尽了磨难，但从没记恨过一个人。他之所以能够在挫折面前保持乐观的心态，是因为小时候的一件事，正是这件事影响了他的一生。

曼德拉的老师在一次讲课的时候，拿着一张上面有一个黑点的白纸问同学们看到了什么？同学们齐声喊："一个黑点！"

老师听后很沮丧，他说："怎么这么大的白纸没看到，只盯着一个黑点？这样将来你们的一生将是非常不幸的！"整个教室寂静无声。

稍后，老师又拿出一张上面有一个白点的黑纸，又问同学们看见了什么。这次同学们学聪明了，高喊："一个白点！"这次，老师欣慰地笑了，说"无限美好的未来在等着你们！"

在与人相处的过程中，你看到对方身上的是白点多呢，还是黑点多呢？如果你看到的都是别人的缺点，自然会满腹怨气。而如果你有一双发现美好的眼睛，那么你的快乐就会多一点。

美国众议院著名发言人萨姆·雷伯说："如果你想与人融洽相处，那就多多原谅别人的缺点吧。"与其盯着别人身上的小黑点，甚至拿着放大镜无限放大，给自己制造烦恼，不如多看别人身上 0.8 的好，让自己拥有愉快的心情。

## 为了自己，原谅别人吧

我们常常不容易原谅别人，尤其是伤害了我们的人，可是不原谅又如何呢？放不下只能使你变成一只蚕，用厚重的烦恼丝把自己捆缚起来。

当别人伤害了你，你不能原谅，而是反过来怨恨他，以致自己精疲力竭、未老先衰，这难道不是在别人伤害你的基础上又加大了对自己的惩罚吗？有位哲人曾经教导我们："怀着爱心吃青菜要比带着愤怒吃海鲜强得多。"

一次竞选前夕，伯拉罕·林肯先生在在参议院演说，遭到了一个参议员的羞辱。那名参议员站起来说："林肯先生，在你开始演讲之前，我希望你记住自己是个鞋匠的儿子。"

"我非常感谢你使我记起了我的父亲，他已经过世了，我一定记住你的忠告。我知道我做总统无法像我父亲做鞋匠那样做得好。"林肯回答说。

参议院陷入了一片沉默。

他接着转过头来对那个傲慢的议员说道："据我所知，我的父亲以前也为你的家人做过鞋子，如果你的鞋子不合脚，我可以帮你改正它。虽然我不是伟大的鞋匠，但我从小就跟我的父亲学会了做鞋子的技术。"然后，他又对所有的参议员说，"对参议院的任何人都一样，如果你们穿的那双鞋是我父亲做的，而它们需要修理或改善，我一定尽可能地帮忙。但有一点可以肯定，他的手艺是无人能比的。"

说到这里，所有的嘲笑化作了真诚的掌声。

有人批评林肯总统对待政敌的态度："你为什么对待他们那么宽容呢？你应该想办法打击他们、消灭他们才对。"

"我们难道不是在消灭政敌吗？当我们成为朋友时，政敌就不存在了。"林肯总统温和地说。

同样的，他的宽容也体现在了对待南方叛军身上。在南北战争后，林肯总统签发了特赦令，赦免了所有参与叛乱的南方士兵将领。在战争胜利的庆功酒会上，当林肯夫人端起酒杯献上祝酒词说起"敌人被击败了"时，林肯总统迅速上前打断夫人的讲话说道："我们没有敌人。这个国家，所有的人都是美国人！"

凭借着这种宽容的精神，林肯总统成为了美国历史上最受人尊敬的人之一。今天在以他名字命名的林肯纪念馆的墙壁上刻着这样的一段话："对任何人不怀恶意；对一切人宽大仁爱；坚持正义，因为上帝使我们懂得正义；让我们继续努力去完成我们正在从事的事业；包扎我们国家的伤口。

有一句话说："不能生气的人是傻瓜，而不去生气的人是智者。"如果放不下仇恨的石头，人就不会快乐，只会湮没在对过去的懊悔、痛苦和对未来的恐惧、忧虑与烦恼之中。人的大脑与神经会因不负重荷而错乱，心也会被人生必经的一切坎坷咬噬着，永远没有喘息的机会。如果不能放下仇恨的石头，人们可能会因为人与人之间的小摩擦而终生没有朋友、没有伴侣。

我们也许不能像圣人般去爱我们的仇人，可是为了我们自己的健康和快乐，我们至少要原谅他们，忘记他们，这样做实在是很聪明的事。

当然，要宽恕一个侮辱过自己、伤害过自己的人，谈何容易？写过不少美妙的儿童故事的英国学者路易斯小时候常受凶恶的老师侮辱，心灵深受创伤。他几乎一生不能宽恕这位伤害过自己的老师，且又因为自己不能宽恕而感到困扰。然而在他去世前不久，他写信告诉朋友道：

"两个星期前，我忽然醒悟，终于宽恕了那位使我童年极不愉快的老师。多年来我一直努力想做到这一点，每次以为自己已经做到，却发觉还须再度努力一试。可是这次我觉得我的确做到了。"

是的，仇恨的习惯是难以破除的。和其他许多坏习惯一样，我们通常要把它粉碎很多次，才能最后把它完全消灭。伤害愈深，心理调整所需要的时间就愈长。可是久而久之，总会慢慢地把它消灭。

法国 19 世纪的文学大师雨果曾说过这样一句话："世界上最宽阔的是海洋，比海洋宽阔的是天空，比天空更宽阔的是人的胸怀。"要懂得宽恕众生，不论他有多坏，甚至他伤害过你，你一定要放下，才能得到真正的快乐。况且人难得在滚滚红尘中走一道，又何必自寻那么多的烦恼呢？

别人伤害了你，若是不能原谅，整日抱着怨恨的石头期期艾艾诉说自己的不幸，除了让你失去更多美好的东西之外，又能怎样呢？原谅别人就是善待自己，所以，为了自己，原谅别人吧！

## 抱怨别人不如改变自己

在我们的身边生活着许多喜欢抱怨的人，他们抱怨领导、抱怨同事、抱怨朋友、抱怨家人……甚至抱怨上帝！似乎对所有跟他们有接触的人或者跟他们有关系的事，他们都会抱怨个不停。也正因为无休止地抱怨，使得这些人每天都怀着灰暗的心情，呼吸着沉闷的空气。殊不知，这些毫无意义的抱怨不仅会伤害身边的人，更会伤害到自己。

与其抱怨公司不能给自己提供一个好的发展平台，不如打造自己的核心竞争力；与其抱怨加班太频繁，不如提高工作效率，在八小时之内完成你的工作；与其抱怨薪水太低，不如先提升能力然后再找老板谈加薪……

其实，在每一种貌似合理的抱怨背后，都有一种更好的选择，那就是改变自己。


西班牙加泰罗尼亚的历史教师哈维·胡安弗兰在第二次世界大战时逃到了斯堪的纳维亚。当时他身无分文，因为觉得自己的写作水平不错，便想找个图书公司的翻译工作借以糊口。但是几乎他联系的所有的公司都寄来同样的回信："由于现在正处于战争之际，我们暂时不需要这样的工作，所以，所有的应征者将不录取……"而其中更有一封回信是这样的："关于这份工作，您的念头似乎错了，而且是太异想天开了！本公司现在并不需要翻译人员，而且即使将来需要，也不至于雇用你，因为你的芬兰语实在是差劲，信中满是错别字！"

胡安弗兰看了那封回信后火冒三丈，心中大骂对方才是个蠢货，因为对方的回信同样也是一大堆的错别字。于是他立即奋笔疾书，打算好好修理一下那个芬兰家伙，给他一个难堪。但就在信寄出前一秒，胡安弗兰突然冒出了一个念头："先等等，也许事实确实正如那人所说，我的芬兰文的确不怎么样。虽然我曾经学过，但这毕竟不是我的母语，也许稍不注意就会犯错。因此，如果我想求职，就非要加强学习，提高对芬兰语的熟练程度不可！这不正是对方在鼓励我吗？那么，我应该好好感谢一下人家才对！对了，那就写封感谢信吧！"

于是，他把那封待寄的信撕了，重新又写了一封完全相反的信："不录用一事虽说并没有太大的关系，但承蒙贵公司不嫌麻烦地回信，在下不胜感激之至。另外，对我自己在上一封信中所犯的错误，在此致歉。我之所以写这封信，只是想说，您指出我犯了文法上的错误，真是令我惭愧之至。今后我一定更加努力学习，以祈不再犯错而贻笑大方。承蒙指教，不胜感激！"

没想到，两天后，胡安弗兰再度收到该公司的回信，回信竟然是邀请他去面谈的，而最终他也得到了那份工作。胡安弗兰"求全责己"，得到了对方的谅解，顿时使他的生活柳暗花明了。

当你被指责、被批评时，内心自然不爽，会不由得抱怨别人，但冷静下来发现，再多的抱怨也不能改变现状。那么，与其坐着抱怨别人，还不如行动起来去改变自己。当你自己改变了，也许一切都跟着改观了。

生活中，很多人在分析问题的原因时，总是喜欢推责于别人。

有个洗衣工多年来不断抱怨对面的太太很懒惰："那个女人的衣服永远洗不干净。看，她晾在外院子里的衣服总是有斑点。我真的不知道，她怎么连洗衣服都洗成那个样子……"

直到有一天，有个明察秋毫的朋友到她家，才发现不是对面的太太衣服洗不干净。细心的朋友拿了一块抹布，把这个洗衣工的窗户上的灰渍抹掉，说："你再看看，是你自己的窗户有污渍的缘故吧！"

很多时候，在我们还没有弄清事情的真相时，就不顾他人的感受，先把过错全推给了别人，抱怨都是别人造成的结果，却很少从自身找原因，实际上恰恰是自己的责任。

所以，当有了问题，别忙着抱怨别人，不妨先考虑一下自己，从自己的身上去发掘，去改变，这样才有资格去要求别人合理地改变！


## 挫折和苦难都是化装成魔鬼的天使

世界文化史上曾经出现过著名的三大怪杰：文学家弥尔顿目盲，音乐家贝多芬耳聋，小提琴演奏家帕格尼尼口不能语。如果我们将生命定义为一把丈量的直尺，挫折和失败是上面的刻度，那么，人生真正有意义的是那些遭遇挫折和失败后留下刻度的地方。

东方卫视的《杨澜访谈》有一期是访谈梁家辉的。节目的最后，杨澜问梁家辉，对于伤害过他的人恨不恨。梁家辉说："我要感谢他们，让我经历了那么多，也让我明白了自己是个平凡的人。"

梁家辉的这句话绝不是凭空说出来的。他由一个龙套演员成长为一个国际巨星，这期间不知道经历过多少辛酸与坎坷。他曾说过，在他还是无线学员的时候，有一次给周润发当龙套，为了更加形象，梁家辉把手伸进西装里面，做出随时掏枪的姿势。到了正式开拍那天，现场是一个赌场，群众演员有好几百人。他推门，周润发进来，他跟进来……突然满场响起编导的大嗓门："你是谁？你这是干什么？"其中还夹着脏话，"你手这么伸着干吗？你以为自己是谁呀？拿破仑啊？"说到这儿，连梁家辉自己都笑了。

一个26岁就拿香港金像奖最佳男主角的影帝却被封杀，为了糊口不得不去摆地摊、当小贩，这期间所遭受的白眼、伤害想来不知多少。但正是凭借着将伤害化作收获的心态，他才又一步步东山再起，开创出今天这样辉煌的演艺事业。

教育家海伦·凯勒说："我感谢上帝。虽然他给了我残缺，却教会了我如何去克服它，战胜生命中的恐惧，帮助我找到了自己，让我变得更加有力量。"也许，上帝对每个人都是公平的，当他将一扇门关上的时候，也会把另一扇窗打开，但是如果我们如此长久地、怀着懊恼和悔恨盯着那扇关上的门，就不可能会看见那扇向我们敞开的窗。

在日本，有一个小女孩非常自卑，因为她的声音天生沙哑，很难听，甚至由于这个原因，没有人愿意跟她做朋友。小女孩经常遭到别人嘲笑，她也因此非常难过，觉得自己属于上帝失败的作品，命运太不公平了！

很巧的是，当时日本有个名叫藤子不二雄的漫画家，他创作的《哆啦Ａ梦》十分受欢迎，正准备将之拍成卡通片。一个偶然的机会，他听到了那个女孩的声音，便找她前来试音。女孩感到很讶异，居然还会有人看上了她那引以为耻的声音？

后来，通过不断的磨炼，这个小女孩成了全球最著名的声优，她就是现在全球知名卡通片《哆啦Ａ梦》中那只机器猫哆啦Ａ梦日语版的配音员！那曾经让她自卑不已、让她交不到朋友的"怪音"，居然随着这部卡通片传到了世界各地，成为许多小朋友争相模仿的"美音"。过去她所抱怨的，竟成为今天最自豪的。她终于知道，自己不是个失败的作品。


也许，命运对很多人来说就像是一种诅咒，但事实上它永远都只会是祝福；之所以看起来像是一种诅咒，是因为人们的目光短浅，就像通过钥匙孔来看世界一样，看不到崇山峻岭后那一条通往幸福、成功的平坦大道，却只看到眼前险峻的沟壑。

很多人会把自己的失败怪罪到不幸头上，然而霍金却把毕生的成就归功于它。就像高尔基说的："自然在剥夺了人类用四肢走路本领的同时，也给予了他们一根拐杖，那就是理想。"霍金以瘦弱之躯挑战生理极限的勇气，还有霍金式的顽皮笑容，充分向世人证明他赢了！对他而言，"人生的斗士""智慧的英雄"绝不是简单的赞美之词，更是对他精彩一生最完美的诠释。

## 把上司的折磨变为成长的营养

你是不是经常抱怨老板给的任务太多，让自己忙得焦头烂额？是不是经常觉得老板太苛刻，对自己的工作鸡蛋里挑骨头？

这样的上司固然有时让你很难堪，压力很大，但反过来，不也正是他的这种严厉和苛刻促进了你的不断进步吗？他使得你不敢放松对自己的要求，不再抱有蒙混过关的心理。久而久之，你就在这种近乎折磨的气氛中养成了一些很好的工作习惯、工作心理和工作技能都成熟了很多。

小刘于2010年9月进入公司，开始的时候担任公司塑料生产部的生产班长。2010年12月因为业绩突出，绩效考核成绩优秀，公司决定将其提升到生产部门担任主管。职位的提升就意味公司的认可，小刘自然是满心欢喜，可在新工作开始后没有多久，小刘便每天愁眉苦脸地找到朋友诉苦了。

原来，以前小刘做的工作交给主管审核，主管总是让他自己作主，给了他很大的自我发挥余地，而现在的直属领导却总对工作审查得非常细致，非常挑剔，总会对他的工作提出这样那样的意见，并要求他重新修改多遍。这样的情况多了，小刘就觉得上司总是在不断地挑自己的毛病，于是开始渐渐对他不满。

朋友听后想了想对小刘说："你的上司对你要求严格本身也没有错啊！而且你仔细想想，因为他苛刻的要求，你现在的工作效率和工作质量是不是都有所提高呢？"

小刘听后仔细回头想想，确实如朋友所说的。因为这段时间以来上司近乎鸡蛋里挑骨头的苛刻，让小刘对工作是越来越熟悉了，不仅以前简单的工作更加得心应手，而且一些以前自己做不来的工作也开始慢慢掌握了，并且还学会了很多和工作相关的其他领域的知识。小刘想现在就算是辞职也不怕找不到更好的工作了。

职场上，之所以大部分人总是对自己的上司不理解，认为他们不近人情、苛刻，是因为他们并没有理解上司的真实意图。由于自己想法的错误，所以不但对上司，甚至对自己的工作环境，对公司，对同事，也会慢慢产生这样那样的不满意和不理解。这种错误认识的产生，只会形成阻碍我们前进的力量。

如果你觉得自己忍受不了苛刻上司的严厉，那么可以想象自己遇到的是一位"宽容"的，就是那种"大家都满意"型的上司。当然，在这样的上司手下工作是一件轻松惬意的事情，因为你从来不会挨骂，也没什么压力，薪水得来真是容易。但长期下去，你就会失去竞争的锋芒，失去拼搏的勇气，失去敏锐的应变力，失去了提升能力的机会。如果哪天你离开了这样的上司，你还有生存的资本吗？

所以，不要害怕带有"寒意"的上司，不要抱怨上司的苛刻让自己很痛苦。换个角度来审视，你会发现因为上司苛刻，所以你的精力出奇得旺盛，可以做到你以前以为自己做不到的事情。其实，上司给予你的这种无形的压力，正是刺激你认真工作的一种更好方式。

璞玉都是经过千万次雕琢而成的，精钢也是经过千百次锤炼而成的。如果上司不在乎你，不器重你，又怎么会费劲挑剔你，苛责你？你和他又没有宿怨新仇，他只不过是想让你尽快成长，而这不也正是你渴望的吗？

## 不知道如何与同事相处，那就试着去赞美他的优点

你是不是觉得同事远没有朋友那样好相处？即便能够维持表面上的一派和谐，也难避免背地里的明枪暗箭、尔虞我诈。这种脆弱又敏感的同事关系，让很多人头疼且无奈。

其实，与同事相处并非我们想象的那般困难，只需你秉持 0.8 的相处原则就好。多挖掘对方的优点，并赞扬他，你得到的将比你想象的更多。

大学同学聚会，每个人都在诉说自己的单位竞争压力有多么大，人际关系有多难处，但小马却不以为然。大家纷纷表示惊讶，因为小马所在的是被认为企业内竞争最激烈的投资公司。在大家的质疑声中，小马道出了她与同事相处的秘诀。

原来，小马一开始进入单位时也出现了和同事不知如何相处的问题，有的时候工作中出了问题都不知道找谁去请教。但一次她向领导递交材料时，领导随手翻了翻，当着她的面对身边别的领导说了句："这小姑娘天分真是好啊，才来不久就能把材料准备得这么充分了！"小马听到领导说的话身子一阵暖洋洋的感觉，有一种被人赏识的高兴，一天繁重的工作下来也没觉得累。

到了下班时分小马就想，领导的一句赞美就能让自己兴奋半天，那同理，如果自己对同事们不吝赞美，那同事岂不也会高兴吗？

于是，从此以后小马处处留心发掘同事的优点，时时地送上赞美之词："王姐，你今天穿的衣服真好看，花了不少钱吧？""赵哥，你这身西服真有派，一看就有经理的派头，什么时候能听到你升职的喜讯啊？"

· 153 ·

"刘姐，我昨天看见你家孩子来着，小姑娘长得真水灵啊，一看就是个美人胚子！"无论事实是否如此，但同事们听了小马的赞赏之后，都会对她回一个甜蜜的微笑。随着身边同事微笑的增多，小马在单位的人缘也就越来越好了。

赞美同事，会让他感觉到你对他的重视，无形中增加对你的好感。常常赞美自己的同事，可以拉近与同事之间的距离。而且赞美几乎不需要你付出任何代价，只要动一下嘴唇就可以了。

但赞美并不是毫无原则的谄媚，如果赞美太过虚情假意，不但得不到预期的效果，反而会给同事们留下马屁精的印象，所以赞美一定要把握好以下几点：

第一，赞美要有真实的情感，诚心诚意。这种情感包括对对方的情感感受和自己的真实情感，这是要发自内心的。有了这样的基础，我们赞美起同事来就会显得自然和真诚，不会给人虚假和牵强的感觉。

第二，赞美要恰如其分。在赞美同事的时候要根据不同人的性格来使用赞美语言，对待城府深的同事，赞美要点到即止；而对于那些性格开朗外向的同事就不要吝啬赞美的词汇，多夸奖对方会让他很开心。

第三，赞美要清晰表达，不要太过揶揄。和我们比较熟悉的朋友，因为感情深厚，我们常常会在赞美中加一些揶揄幽默的成分，但这用到工作场合面对同事有时就不太合适了。有时太过揶揄，反而会让本不太熟的同事觉得我们是在讽刺他们。

第四，赞美要明暗一致。既然我们要赞美同事就要不分是不是有他在场，不要在他面前赞美他，而到了他背后反而对他嚼舌头，这样做不但收不到赞美的效果，时间长了反而会给人一种长舌妇、反复小人的形象。有句话说得好，在人后尽量说他的好话吧，不要怕这话传不到他的耳朵里。

罗马皇帝马可·奥勒留曾经说过："今天我将会见许多人——絮聒

不休的、自私自利的、骄傲自大的、忘恩负义的。但我一点也不感到惊讶或困扰，因我无法想象缺少这些人的世界将会变成什么样子?”的确，人总是有缺点的，如果我们揪着他人的缺点不放，那么我们也就失去了和他人交朋友的机会，同时也给自己徒增了不少烦恼。

学着多给你的同事一些赞美吧，即使与工作无关，也能够成为你与他建立友好桥梁的机会。比如你发现同事新穿了一件得体的连衣裙时，不要忘记夸她漂亮，懂得穿衣；如果你发现一位同事的工作效率很高，不要忘记赞美他雷厉风行的工作作风。此外你还可以赞美他的爱好兴趣、工作态度，甚至她匀称的身材，等等。哪怕是不经意的一句话，都能表明你对他的关心。

肯定和赞美同事，不仅能够让同事心情愉快，赢得同事对你的信任和感激，还能给你带来奇妙的情感体验，融洽你与同事之间的关系，给工作带来极大的便利。

## 感谢对手，他让你变得更强大

在草原上，牧民所驯养的羊经常被狼吃掉。因此，牧民就想尽办法、绞尽脑汁把草原上的狼除掉，原以为可以安心地过日子，可是羊群却变得老弱病残。相反，一些野生羚羊或鹿为了逃难，长期奔跑，不仅使它们拥有了强健的身体，而且也躲避了狼的捕杀。显然，有无对手带来的结果是截然不同。

在运动场上，世界冠军们正因为有强劲的竞争对手的不断地击，才能不断地努力训练，不断创造新的世界纪录；在生意场上，商家也正因为有着激烈的竞争，才不断改进经营管理和服务质量，使市场走向良性发展的道路；职场上更是如此，因为职业环境每时每刻都在发生着变化，如果不能严格跟上职业要求，我们随时都有可能被对手赶出职场，正因为有了竞争对手，才使我们的事业不断地走向进步。

黄海大学毕业后到一家报社工作，已经年近三十，这么多年来也没有升个一官半职，但他一直乐得逍遥，偶尔有些报道被上面点名表扬，他也不在意，随后由于年龄大了，又被市内报社媒体评为"优秀通讯员"，对此他也没有太在乎。

然而去年年初，一个叫洪迈的年轻人从下面的分局调入，而黄海正好从政策科来到国际科当内勤。在过去黄海感觉不怎么费力就可以被评为"优秀通讯员"。到国际科后，领导说："以前洪迈在下面分局科写了不少稿，你也不能落后啊！"听到这话时，黄海心里有了点紧张的感觉。

其实黄海打听到洪迈以前并没有写过很多稿，但他基础好，肯钻研，肯吃苦，时间不长他的名字就屡屡出现在报刊上，上稿率、上稿量要比自己过去高得多。而自从到了国际科后，因为没有了以前的那种环境，一时找不到素材，加之对新近的业务还不熟悉，黄海每天忙得是不可开交，经常双休日、节假日都在办公室加班，平时晚上九十点回家是常事了。因此他一时写不出稿来，更别说登报了。而每当报纸上刊发洪迈的一篇稿件，无形之中便给了黄海一个巨大的压力。从此他有了一个强有力的竞争对手。

为了能写出高质量的稿件，黄海注意把生活与工作结合起来，对国际新闻反复思考，仔细琢磨；同时为了解决写稿与发稿的问题，他还特意买了一台电脑，以便在家就能写稿，并可以上网发电子邮件，达到了事半功倍的效果。不久他便在本市《法务报》上刊发了一篇针对经济危机的国际热评。而到去年年底，局里面一计算，黄海比前一年度发稿整整多了两倍，虽然还是赶不上洪迈的数量，但也是非常大的进步了。对此局领导还在大会上点名表扬了他。

今年以来，黄海被升职为国际科副科长，他的压力更大了，因为白天忙于事务没有时间写稿,他时常在深夜动笔,没了以前那种逍遥自在的生活,但他却乐此不疲,每天享受着忙碌和竞争带来的充实感。

漫漫人生路途中,对手既是我们的同行者,又是我们的竞争者,他们或是有形的,或是无形的;他们有时是真的存在,有时却是精神层面的。我们的人生却因为他们而变得多姿多彩,也是他们让我们的心灵更加坚强,是他们将我们的微笑展露,也是他们将我们的泪痕擦干。"没有岩石的拦阻,哪能激起美丽的浪花",饱满的稻穗周围自然有抢夺营养的稗子,蔚蓝的天空中总有朵朵白云,每个成功者背后总有着无数汗水和努力,而每个强者背后也总有一群顽强的对手。

对手是敌人更是我们的朋友,我们对对手应该心存感激。没有对手的人是悲哀的,有对手而不懂得尊重对手运用对手的人却是狭隘愚蠢的。真正的剑客,对于对手永远是充满敬意的。他们在剑锋上毫不留情,但宝剑入鞘之后却是英雄惜英雄。因为他们知道,曲高和寡,没有对手就没有今天的他们。

因此,让我们开始感谢对手吧!正是由于他们,我们才会认识到自己的不足,才会激发我们的潜能,才激励我们不断进步,才会迫使我们奋勇前进!

## 报复让你一时浪爽,过后却是更深的失落

每一个人都难免会遭受到别人的伤害,有些伤害甚至会在我们心里埋下深深的烙印,久久挥之不去。面对这些伤害,我们第一个念头就是报复,让加害者尝尝我们所遭受的痛苦。但我们却没有想过,报复他人,自己遭受的伤害就能弥补吗?

其实有的时候，报复是一柄"双刃剑"，在我们报复别人的时候也一定会伤害到我们自己。如同对待一个打了我们一巴掌的人，我们若反手给他一巴掌，那出手时的痛快就同样也会带来收手时的疼痛。报复的力度有多大，我们感觉到的痛苦就同样会有多深！

一部小说中有这样的一个情节，主人公经历了二战时期在波兰集中营中的非人折磨，九死一生，最终幸运地存活了下来。

二战结束后，他作为受害者在全世界巡回演讲，揭露纳粹的丑恶与野蛮。有一天，当他结束演讲正要离开时，看到一个似曾相识的人朝他走了过来。霎时间，他回忆起来，这个人就是他在集中营时的看守。他这辈子也无法忘记这个人，是看守在监狱中害死了他的全家。而当看守走过来满眼忏悔和羞愧地伸出手来要与他握手时，主人公把手放在身旁，对看守怒目而视。

仇恨和报复的念头煎熬着主人公的内心，他之前曾经无数次在脑海中想象过，如果遇到这个人他会怎样，而此刻他却不知道接下来他要做什么了，他只好尽量让自己保持平静。

但良久之后，面对着这个羞愧地恳求忏悔的人，主人公决定饶恕看守，因为刚刚他正好在讲一个关于宽容的话题。他试着微笑，麻木地举起右手。但当他们的手最后握在一起时，一件难以置信的事发生了。通过他的肩膀，沿着胳膊，源自他的手心，有一股电流传遍了他的全身。他的心底涌起了一股对这个曾经的恶魔强烈的爱，这爱让他忘却了痛苦，忘却了仇恨。而就在他上前拥抱那个人时，他那一直带着伤疤的心也在同时自动愈合了。

许多遭受过伤害的人被愤怒仇恨占据了头脑，一心想着如何去报复和伤害对方，在仇恨中久久不能自拔，甚至被它左右终生。却不知，报复的感觉或许会让你痛快一时，但因为报复毁了原本应该正常的生活却最终会让人悔恨一世!

在金庸先生著名小说《天龙八部》中，主人公萧峰的父亲萧远山就是一个被仇恨左右了头脑的人。他年轻时携幼子陪妻子回娘家时，在雁门关外被误中奸计的中原武林人士伏击，爱妻身死，父子离散，因此仇恨深植其心中，他发誓要报复这群中原武人。

他的报仇手段可谓既凶恶又野蛮，他潜入少林寺中，把武林秘笈偷看了个遍，查出真相之后，因为杀不成主谋的慕容博，便一连杀死谭公、谭婆、玄苦大师，甚至连不懂武功、无辜的乔三槐夫妇也死在他掌下。但这些报复行为并没有给他带来多大快乐，反而偷看武林秘笈使他身染不治之症，痛苦万分。到处滥杀无辜又让他亲生的儿子萧峰背负忘恩负义的骂名，陷入了被万人追杀的境地。最后，还是在少林寺扫地神僧利用他和慕容博两人相反的内伤根源治疗对方的内伤，使两个人几十年的痛苦转瞬消逝。

萧远山经历这一番由生到死，又由死转生的过程后大彻大悟，终于放下仇恨，与仇人慕容博冰释前嫌，一同拜于神僧门下，出家为僧。

有的时候，我们因为报复给别人和自己都带来了痛苦，这种痛苦在生活中会以自责、后悔的形式出现。原本我们以为报复了别人会使我们的心理达到平衡，但实际却是我们将自己领进了一个我们一生都无法走出的灵魂受谴责的阴影。为什么一定要用仇恨掩盖我们善良的本性呢?当善良的灵魂苏醒时，我们必将为自己的报复行为感到后悔不已。

其实面对伤害，我们不妨保持 0.8 的心态，给仇恨打一个八折。要知道，这世间唯有爱才是愈合伤口疼痛的解药，也唯有爱才能拯救自己! 去原谅伤害我们的人吧，别再继续把自己锁在仇恨里。我们不是为了恨才来到这个世界的，还有很多的美好等着我们去发现，等着我们去生活呢!

第七章　为什么别人总不能令我们满意

## 如果爱，包容就不要讲条件

当我们拥有一份爱，无论是对父母恋人抑或是朋友陌生人，我们都希望将这份爱长久地保持下去。但人生总是无常的，而人又都不是完美的，每个人——无论是我们多亲近的人——都有着各自的缺点和瑕疵。而当我们的爱面对他人的瑕疵的时候，就需要我们以包容的态度去面对了。

总是有人抱怨自己的伴侣有这样或那样的坏习惯或不良嗜好。于是，夫妻之间三天一小吵，五天一大吵，原本相爱的两个人成了势不两立的仇人，婚姻开始变得岌岌可危。其实，夫妻之间要相处得好，有一个最简单的道理，那就是要学会包容，无条件地包容。

夫妻间有了宽容，爱情才能永恒，总为小事斤斤计较就不可能白头偕老。宽容是一首情歌，是一杯清茶，是一颗真心，是一方博爱。宽容更是一种高贵的品质，是精神的成熟和心灵的丰盈。

一个下雨的下午，男主人正在家里会客。客人似乎心情比较烦躁，进门的时候连鞋都没有换，地板被弄得乌七八糟的。

接着还有更糟糕的，客人不停地倾诉，将烟头丢了一烟灰缸。这个时候，家里的猫儿大概是见了生人被吓到了，不停地闹，结果把烟灰缸打翻了，烟灰洒了一地。客人终于倾诉完了。这时候雨也停了，客人离开了。

客人前脚刚走，女主人后脚就回来了。今天她在单位忙了一天，还受了一肚子委屈，进门又看到一片狼藉，气就不打一处来，不停地数落："就你脏，进门鞋子也不换；叫你少抽烟，你看你看……弄那么脏，你自己收拾吧，我又不是你家请来的保姆。"

女主人气得坐在沙发上板着脸。这边男主人什么都没有说，给老婆倒了一杯水放在茶几上，然后收拾完屋子，说："都怪我，是我不好。这不都收拾好了。饿了吧？今天晚上我来烧饭。"女主人见老公一脸赔罪的样子也不好意思再发火。

过了几天，客人又回来了，他是特地来向男主人致谢的。女主人知道原来是自己冤枉了老公，她问："我那天发脾气数落你，对不起。可你怎么不解释呢？"

"呵呵，解释什么，事情不都过去了吗？再说当时我如果解释你听得进去吗？我们两个争吵起来，地板不还是脏的，烟灰不还是没人收拾吗？我知道你上班也很辛苦的……"女主人紧紧搂住了老公……


夫妻之间如果总是斤斤计较，锱铢必较，遇事总要分个高低，分个是非曲直，那样的夫妻不会百年好合，白头到老。许许多多模范夫妻谈起夫妻相处必谈一条：宽容。宽容对方的缺点，宽容对方的不足，既然相爱，那就包容对方吧。

我们经常会听到有的女人抱怨说："我对他那么好，他为什么那么不长良心？他的袜子衬衫都是我亲自给买的……他的衣服都是我亲手给洗的。对于这个家，我付出了那么多，他却跟我撒谎，刻意隐瞒他的行踪……他竟然说我平常疑心重，不敢告诉我，怕我生气上火，这算什么理由？这日子真的没法过了。"

如果你们仍然相爱，难道就因为男人想保留一点个人空间而告结束吗？这样说并不是让我们去忍气吞声，而是换一种思维方式，把生活中的小事儿模糊处理。其实，日常生活的繁琐，在情感中同样体现。别为那些鸡毛蒜皮的小事儿庸人自扰，尽量包容一些。

有这样一句妙语："婚姻是唯一没有领导者的联盟，但双方都认为他们自己是领导。"试想，一对陌路相逢的男女，要在同一屋檐下风风雨雨几十年，而且又有着各自的个性，当个性冲突时，往往带来了家庭的摩擦。很多家庭因个性冲突亮起红灯，此时，更需要彼此的理解和包容。爱情如水，婚姻似杯。当爱情沉淀的时候，当婚姻出现了波折，我们该轻轻地摇摇杯子，用理解和包容来沉淀。谁让我们相爱呢？

如果还有爱，就不要彼此伤害，多些宽容，多点谅解和体贴。发生争执时多为对方考虑，换个方式思考，尽量不要针锋相对。彼此心平气和才能解决问题，争吵只会让事情变得更加糟糕。

## 要想得到先要付出

我们有句俗话说，种瓜得瓜，种豆得豆。佛语也说，种什么因，得什么果。对于爱来说，我们付出的越多，当然我们得到的也就越多。

在日常生活中，我们给他人一个灿烂的微笑，那么他人也同样会回报我们一张灿烂的笑脸。这个现象无论是对于认识的人还是不认识的人，都有同样的效果。同样的，我们以礼貌的话语问候他人，他人也会以同样礼貌的方式回答我们。我们甚至可以这样说，任何用以展现我们关爱的形式，只要我们去付出，最后都会以关爱的不同的方式回到我们身上。

有些人也许会说：并不是每个人都会以这样的方式来回应我们。的确，也许不是每个人都会，但只要坚持付出，爱总是会回来的。它其实就像个弹力球，只要我们抛掷出去，迟早它总会反弹到我们手上，而且回来的数量往往会比我们抛掷出去的还要多。

有一个人在沙漠行走了两天，途中遇到暴风沙。一阵狂沙吹过之后，他已认不得正确的方向。正当快撑不住时，突然，他发现了一幢废弃的小屋。他拖着疲惫的身子走进了屋内。这是一间不通风的小屋子，里面堆了一些枯朽的木材。他几近绝望地走到屋角，却意外地发现了一台抽水机。

他兴奋地上前汲水，任凭他怎么抽水，也抽不出半滴来。他颓然坐地，却看见抽水机旁有一个用软木塞堵住瓶口的小瓶子，瓶上贴了一张泛黄的纸条。纸条上写着："你必须用水灌入抽水机才能引水！不要忘了，在你离开前，请再将水装满！"他拔开瓶塞，发现瓶子里果然装满了水！

他的内心此时开始交战着："如果自私点，只要将瓶子里的喝掉，他就不会渴死，就能活着走出这间屋子！如果照纸条做，把瓶子里的水倒入抽水机内，万一水一去不回，他就会渴死在这地方了。到底要不要冒险？"

最后，他决定把瓶子里的水全部灌入看起来破旧不堪的抽水机里。他以颤抖的手汲水，水真的大量涌了出来！

他将水喝足后，把瓶子装满水，用软木塞封好，然后在原来那张纸条后面，再加上他自己的话"相信我，真的有用"。在取得之前，一定要先学会付出。

付出才有回报，这是一个多么浅显的道理啊。但想一想，每天我们却在做着多么纠结的事：讨厌别人对我们不友善，却时常用不友善的态度回报别人；讨厌别人背后说自己坏话，却经常背后说别人的坏话；讨厌被人欺骗，却总在欺诈别人；鄙视不守信誉的人，自己却经常会失信于他人；无法容忍孩子不孝敬我们，却一直忘记关心父母；试图远离虚伪狡诈的人，却一直戴着面具，失去了真诚；可怜那些心胸狭隘的人，却久久无法释怀别人对我们的伤害；同情那些为了生计失去尊严的人，却为一份自己厌恶的工作出卖灵魂；渴望每个人都重视自己，却一直在忽略和敷衍别人；装作对有钱人满不在乎，可是自己却每时每刻都在想着成为有钱人；埋怨这个世界没有爱，其实自己也很少付出爱。

莎士比亚说："为什么世界上有镜子，人们却不知道自己是什么样的？"不是吗？有的时候我们讨厌别人对我们的样子，但我们有没有想过照照镜子，看一看我们对别人的面孔呢？

其实对于爱，我们不妨抱着八分付出二分得到的心态选择先去付出、多去付出。我们要想别人对你微笑，就应该先去对别人微笑；我们想得到别人的拥抱，就应该先去拥抱别人；要想得到别人的友善，就应该先去以更加友善的态度对待别人；要想赢得别人的支持，就要先去无私地支持别人；要想得到别人的关心，先去不求回报地关心别人。要想别人怎样对待我们，我们就应该去怎样对待别人。

先去伸出我们的手，我们才能握紧别人的手；先付出我们的爱，我们才能拥有别人的爱。只有当我们忘记自己的时候，我们才不会被别人忘记。不要在乎别人怎么对我们，只去在乎我们怎么对别人。我们的幸福与满足，其实是由我们自己掌控的。

0.8Hub is more buffer life, Happine...
..., Happiness Win in the 0.80.8 Philosophy of ...
.8 Philosophy of Happiness Hub is more buffer life, Hap...
...ub is more buffer life, Happiness Win in the 0.8Hub is more bu...
...in in the 0.8Hub is more buffer life, Happiness Win in the 0.8Hub is more bu...
...ife, Happiness Win in the 0.8Hub is more buffer life, Happiness Win in th...
...'s more buffer life, Happiness Win in the 0.80.8 Philosophy of Happiness
...in the 0.80.8 Philosophy of Happiness Hub is more buffer life, Happiness Win in th...

...iness Hub is more buffer life, Happii...
life, Happiness Win in the 0.8Hub is more buff...
...Hub is more buffer life, Happiness Win in the 0.8Hub it...
...ness Win in the 0.8Hub is more buffer life, Happiness Win in the...
...fer life, Happiness Win in the 0.80.8 Philosophy of Happiness Hub
0.8 Philosophy of Happiness Hub is more buffer life, Happiness Win in...
...ub is more buffer life, Happiness Win in the 0.8Hub is more buffer life, Hap...
...uffer life, Happiness Win in the 0.8Hub is more buff...

## 第八章

# 为什么我们挣的钱总不够花
## ——消费 0.8 才能游刃有余

　　消费主义以品牌为嚎头，以时尚为药效，将人卷入无休止的购买与淘汰的恶性循环中，恋物成瘾。任何人都想体验一掷千金的快感，但千金掷出后复有千金？任何人都免不了受到轻车肥马的诱惑，但轻车肥马下焉知他不是外强中干？讲求 0.8 的消费理念，遏制自己的过分物欲，这样的人才是真正的会花钱的人。

...sophy of Happiness Hub is more buffer life, Happiness Win in the 0.8Hub is more buffer life, Happiness Win in the 0...
...fer life, Happiness Win in the 0.8Hub is more buffer life, Happiness Win in the 0.8Hub is more buffer life, Happi...
...ore buffer life, Happiness Win in the 0.8Hub is more buffer life, Happiness Win in the 0.80.8 Philosoph...
...0.8Hub is more buffer life, Happiness Win in the 0.80.8 Philosophy of Happiness Hub is more bu...
...Win in the 0.80.8 Philosophy of Happiness Hub is more buffer life, Happiness Win in the ...
...ess Hub is more buffer life, Happiness Win in the 0.8Hub is more buffer life, Happi...
...Win in the 0.8Hub is more buffer life, Happiness Win in the 0.8Hub is mor...
...ppiness Win in the 0.8Hub is more buffer life, Happiness Win in the ...
...of Happiness Hub is more buffer life, Happiness Win in the ...
Happiness Win in the 0.8Hub is more buffer life, Har...
...e buffer life, Happiness Win in the 0.8Hub is m...
...8Hub is more buffer life, Happiness Win...
...Win in the 0.80.8 Philosophy of H...
...lappiness Hub is more buffer...
...ppiness Win in the 0.8...
...uffer life, Happine...
...is more buffr...
...buffer l...
...8H...

# 为何负债也要血拼奢侈品

5000 到 8000 元一条丝巾，10 万余元一只羊皮皮包，3 万美元的自行车，受邀从世界各地赶来的嘉宾和时尚名流手捧香槟，品评着这些闪耀着贵族光辉的商品。这是 2010 全球著名奢侈品牌古奇在北京的第二家店——国贸店开业时的情景。

这种场景今天在北京、上海等经济发达城市屡见不鲜。世界著名奢侈品品牌正在争先恐后地进入中国市场，前来瓜分各自的利益蛋糕。不仅它们开店速度正在加快，而且在中国推广活动的排场也直追巴黎、纽约等发达国家的一线都市。

来自意大利的文托拉小姐在一家咨询公司工作，她对中国人的印象颇为深刻："我在奢侈品店里看见两个中国女士在挑鞋子。她们说，这双鞋才 8000 元钱，真是太便宜了！"

根据全球著名咨询公司安永在中国的公司的调查：目前，中国奢侈品和服务（包括时装、配饰、酒类、汽车和度假）的年消费量占全球市场的 12％，年销售额超过 20 亿美元。这使中国大陆成为了仅次于日本和美国的全球第三大奢侈品市场，并且很有可能在 10 年内超过美国成为世界第二大奢侈品消费国。

对于这样的现象，我们固然可以说奢侈品大多是富人在购买，与我们小老百姓没什么关系，但情况真的是这样吗？据调查，在我国奢侈品消费人群中，有 40％以上属于并不富裕的白领阶层。在北京的调查中，有 42％的白领承认自己曾买过一件以上的奢侈品；而在上海的比率更吓人，竟然高达 53％。

网友 southwest 称："为了买一个 LV 的包包，3 个月省吃俭用啊，这个夏天好悲惨！"

网友 candy："有个前台 MM 为了买 GUCCI 包包，几个月的午餐都节省下来，天天不吃，还以这样可以减肥为由。奢侈品这种物质上的满足真的那么有诱惑力吗？"

网友 lu1982："朋友为了买个包，整整吃了两个多月的方便面，看了实在让人"敬佩"。"

网友维尼熊："浑身上下全都是奢侈品，可是钱包打开只有一张 10 元大钞……"

网友月光手帕："有个朋友买这些东西真是舍得，但她到超市连 12 元 9 袋的麦斯威尔都舍不得。"

其实，我们分析奢侈品消费族的心理不难看出，很多人的想法只是盲目的"不买对的，只买贵的"。很多年轻白领拿出一个月或者两个月的薪水来买一件高档名牌商品，但其实这件商品的实际用途并不很大，却因此给社会造就无数的"月光族""新贫族""百万负翁"……

这些超前消费一族大多崇尚《欲望都市》里女主角们的优质生活，穿戴名牌出席社交场合、吸引别人的眼球在某种意义上成为她们的生活动力。但这种生活的动力真的能够维持现实的生活吗？虚荣真的能够给我们带来幸福吗？

法国大作家福楼拜在他的小说《包法利夫人》中对盲目追逐虚荣的人做了很深刻的描写。主人公艾玛是一位一心向往贵族生活的小资产阶级妇女，因为不满足平庸的生活而逐渐堕落。她为了追求浪漫和优雅的生活而自甘堕落与人通奸，后来因为负债累累无力偿还而身败名裂，只能靠做洗衣女工来维持生活，满手茧子，肮脏的脸上布满皱纹，这和她想要当公主的理想相去甚远。最后她绝望地服毒自杀了。

　　仔细想想，我们不禁胆寒，包法利夫人的心理和我们的某些心理是何其相似啊。固然名牌商品是财富最明显的标志，在社会转型期出现的这种炫耀性消费现象，是社会发展的必然过程。但在这股奢侈风的劲吹之下，作为没有消费能力的我们盲目地跟风，甚至为了一件奢侈品不惜牺牲饮食和健康，这一切难道还是正常的吗？

　　喜欢名牌本不是错误，可是为了名牌倾家荡产就有点犯不着。名牌癖们把生活的重心放在了衣服、鞋、包那方寸大小的标签上，攒了一年工资，一回全部花光，捧回一只 LV 的包供在家里；将各大奢侈品的家族史倒背如流，整天上网关注遥远的巴黎春夏时装周；同事们买了新衣服第一个反应是翻开别人的衣领看牌子，连喝矿泉水都要挑那个最有名的牌子……这就是我们有些人的真实写照。

　　如此这般，努力一生，名牌癖的家里或许能堆满大大小小各种名牌，而问题是，除了名牌，她还有什么？

## 月光族：活得真的潇洒吗

　　近几年，一个新的名词"月光族"闯进了我们的生活，它代表了一个很有特点的群体，是指某些年轻人，他们摒弃了父辈勤俭节约的消费观念，喜欢追逐新潮，扮靓买靓衫，只要吃得开心，穿得漂亮，想买就买，根本不在乎钱财，以至于每个月所赚的钱全都花光用光！

　　"月光族"一般都有知识、有头脑、有能力，他们认为花钱不仅表达对物质生活的狂爱，更会成为他们赚钱的动力。老辈信奉"会赚不如会省"，对他们的行为痛心疾首；而他们的格言是"能花才更能赚"，花光用光自得其乐。

　　"月光族"是信贷消费最坚定的支持者和实践者，他们感谢世界上还有一种叫"按揭"的消费方式，对"寅吃卯粮"的做法心安理得，但他们打肿脸充胖子，没钱也要装阔佬，很少向别人借钱消费，大不了在信用卡里透，下个月补上。

"月光族"是商家最喜欢的消费者，因为他们有强烈的消费欲望，会花钱，而更重要的是他们有很强的赚钱能力，有钱可花。"富，富不过30天；穷，穷不了一个月"，是对他们最生动的写照。对时尚的追求是月光族长生的直接原因。

听过了关于"月光族"的介绍，人们可能会认为这样的人有着诗仙笔下"千金散尽还复来"的洒脱，实在令人羡慕。然而，今时不同于往日，今天社会上的大多数人都是普通的工薪阶层，每一个人都面临着住房、结婚、养育后代的巨大压力。今天的情况和古代是不具有任何可比性的。

因此我们不禁要问，"月光族"就活得真的潇洒吗？

我们就拿那些未婚的和父母同住的"月光族"来说，他们年纪轻轻，便已经变得花钱如流水一般，毫不吝惜，完全不知道平时节约的重要性。他们大多数人不但不能将收入贴补家用，到了没钱的时候反而还要找父母接济。而这个年纪的年轻人的父母多已步入中老年，很多都已经退休，他们的经济来源并不很多，和自己子女的收入相比基本都是少得可怜。这样一种情形下，我们不禁想请问那些还在"啃老"的"月光族"们，你们自己于心何忍呢？

而且我们有句古话说"由俭入奢易，由奢入俭难"，养成大手大脚的习惯很容易，改正却很难。对那些未婚的"月光族"来说，结了婚之后，他们的习惯未必能改正，但生活的支出却陡然增加了不知多少。想想看，买房买车的贷款要还，生活的日常开支柴米油盐必不可少，平时的人情来往也是必须的，而且还有些计划之外的支出呢？生病需要看吧，父母一天天老去了，养老需要钱吧；孩子一天天长大，抚养上学也是笔很大的支出啊。他们平时把钱都花光了，自己可能痛快了，可是到了需要钱的时候呢？

28 岁的志俊是个典型的"月光族"。在柳州市工作的他月收入有 6000 元之多，在柳州的打工族里面应该算是高收入人群了。但他每月花在名牌服装和娱乐场所上的钱却将近 4000 元！"我最喜欢买衣服了，这件夹克就是我刚刚买的。虽然现在广西已经是夏天了，可这件衣服现在打五折，原价 2500 元，现在特价只要 1250 元，很划算的。"志俊经常这样对朋友说。而且因为喜欢社交，志俊还经常出入酒吧 KTV 等娱乐场所。"也不总是我一个人花钱，就是大家轮流地请。但消费从没有低于 1000 块钱的时候。"

现在随着年龄越来越大，志俊也开始和女朋友讨论结婚的事情了，但一说到结婚买房的事儿的时候，志俊就开始发愁了。按说他工作五年了应该攒下了不少的钱了，但因为月光的习惯，志俊这几年根本就没攒下任何积蓄，而且因为长期大手大脚，养成了习惯，现在就算志俊想开始攒钱，也无从下手了……

由此我们可以看出，月光族风光潇洒的背后，却是临渴掘井的狼狈。

古人常说"一粥一饭，当思来之不易；半丝半缕，恒念物力维艰"。因为劳动果实来之不易，所以我们就不应该随意挥霍浪费，要懂得珍惜、节俭。从持家的角度来说，要想生活富裕、兴旺，也须懂得节俭、细水长流，平时要有所储备，才可从容应对各种意外。

现在已经有不少人开始关注那些把当月工资花光、大项支出要"啃"父母的"月光族"了，人们开始暗暗替他们担忧。据调查，这样的"月光族"在大学毕业生中所占的比率高达 30%，他们中不少人依靠父母的资助读完大学，毕业后虽说有了收入，却仍然还要依赖于父母。所以有人深为"月光族"忧虑，因为这些"月光族"大多是独生子女家庭，面对着以后"四二一"的家庭结构，他们不仅要赡养 4 位长辈，还要抚养 1 个子女，而对于日常养成了大手大脚消费习惯的他们来说，无论哪笔支出都不可小觑。所以，我们不禁要问，今日潇洒轻松的"月光族"，明天是否能依然轻松潇洒呢？

## 不做彻底的"月光族"，也不做忠贞的"酷抠族"

衣服是租来的，吃的是超市里试吃的促销食品，洗澡去公共厕所，要出门蹭两站公交车后下来步行……这是香港电影《悭钱家族》里描绘的场景。电影的手法固然夸张，但也绝非完全脱离现实。近来相对于"月光族"，在社会上不少白领中间出现了一批省着钱过日子，一分钱掰两半花的"酷抠族"。

"酷抠族"是指当下一种以抠门为主要消费观念的都市生活人群。"酷抠族"的理念是"节约光荣，浪费可耻"。而酷抠族其实也未必贫穷，他们往往具有较高的学历、不菲的收入，只是他们习惯用一种极度节俭的方式来应对生活中必不可少的消费，以达到未雨绸缪的效果。

刘刚是哈尔滨市一家知名企业的管理人员，他于 2004 年从大学毕业，如愿以偿地进入了目前的单位从事企业管理工作，并一路直升，27 岁就做了公司的中层，现在月收入近万元。

但目前刘刚还是住在他母校哈尔滨工程大学旁边的出租屋里，跟三个考研的学生一起合租了一套两室一厅的房子，每个卧室放两张床，四个人每月分摊 200 元。室友们对他印象最深的，并非是他多么年轻有为，而是他每天要把暖水瓶放到水管下，费半天工夫把水龙头拧到最小，保持水表不转，然后滴满自己的水壶。

"他平时总提醒我省水省电。快考试了，我们晚上在屋里看书复习，他下班回来说开 40 瓦的灯泡费电，非要让我们开 5 瓦的台灯。"和他同室而住的室友因为视力下降而抱怨不已，"有时都半夜一两点，他看到楼道里的灯还亮着，就会爬起来关了灯再回来睡，说是怕公摊的电费多。像他这么怪的人我还是头次见到，真不知道有谁愿意和他交朋友！"室友不无抱怨地说。

进入 2011 年，刘刚一直在看房，他把哈尔滨市的楼盘转了几遍，几乎所有在售的楼盘信息他都能倒背如流，但却一直没有出钱购买。据他自己说，上班七年来也攒了近 30 万元了，原想多存点一次付清，但是攒钱的速度远远比不上房价攀升的速度："我不会考虑按揭，因为不划算，光付银行的利息就占了近一半。如果女朋友一再要求我必须买房再结婚，那就让她找别人去吧！"

节俭当然是好的习惯，这个毋庸置疑。但是过度的节俭却不免让人感到有点太求全责备了。刘刚的例子让我们不得不想起法国大文豪巴尔扎克笔下那脍炙人口的典型守财奴形象葛朗台，想想他对亲人的吝啬，再想想他最终的下场。我们又不禁想对这种习惯敬而远之了。

"月光族"自然是不可取的，但葛朗台似的"酷抠族"也是我们应该避免的。说到这里，我们不如学着 0.8 生活学中的方法，让我们把"酷抠"打个 8 折，我们完全可以将 80% 的钱存入银行，以备不时之需，而把剩余那 20% 用于正常消费。

我们还很年轻，应该在这个时候好好地享受一把生活，只要是我们能够承受的，那就应该做我们自己想做的事，花自己想花的钱。钱是可以赚的，可年轻说没了也就没了，以后拿着钱也享受不到现在的快乐。而且如果因为一点点钱的问题而耽误了感情，那就更加让人扼腕叹息、得不偿失了。

不做彻底的"月光族"，却也不能做极端的"酷抠族"，生活是自己的，快乐需要靠自己把握。生活的态度就应该有原则，把钱花到点子上，不放纵自己，但也不能委屈自己，这样才是最自然、最快乐、最健康的消费观念。

## 蚂蚁族：享受生活不一定非要等到退休后

在当今社会，在懂得如何理财的中年人中逐渐出现了一批"蚂蚁族"，这些人大多都是偏退休族的人群，这些"蚂蚁族"的人每天非常努力工作，像蚂蚁一样勤劳，为的就是把赚下来的财富留存到退休后慢慢享用。

这种"蚂蚁族"的精神非常适合我们中国人传统的先苦后甜的观念，但是人一生总会有这样那样的不确定，没有人能够预知未来的生活，我们辛辛苦苦地积攒，以为未来的幸福在向我们招手，但谁知道我们能否真的得到我们计划中的幸福呢？

把钱省下来，想等着退休了出去旅游，结果退休后，因为年纪大，身体差，行动不方便，哪里也去不成了。把钱存下来等养老，结果孩子长大了，要出国留学，要创业做生意，要花钱娶老婆，自己的退休金又都被挪走了。

所以当我们自己有足够的能力善待自己时，就立刻去做。老年人有时候无法做中年人或是青少年人可以做的事，青春和健康可是一去不复返的。对于小孩子我们从小就告诉他，养你到高中，大学以后就要自立更生，但等他真的大学毕业了却又要留学、创业、娶老婆。我们一点点为孩子负担着，结果一生都在为孩子而活。

有一位先生的妻子去世了，这突如其来的事故实在叫人难以接受，但是很多死亡的到来不总是如此吗？先生说他夫人最希望的就是他能送鲜花给她，但是他觉得太过浪费，总推说等到下次再买，结果却是在她死后用鲜花布置她的灵堂，这不是太讽刺了吗？

有一位女士想去非洲旅游，但她却一直没有去，原因是她想趁现在事业的上升期多辛苦辛苦，为以后退休积攒多一点资本，到时候别说去非洲，周游世界也不在话下。但突如其来的一场变故让她改变了这种想法。今年6月，单位的体检检查出她有重度的心律不齐。她看到检查报告单二话不说，第二天就递交了休假申请书，买了一张机票飞去约翰内斯堡了。临走前她对办公室的同事说："我以前总想着现在多积攒一些，以后退休的生活就能更游刃有余，但这次的事让我明白了，既然我不知道未来是怎么样，那我就应该趁现在把想做的事实现，因为无论我计划有多么好，一旦事情的走向超出我的控制，到时候再想后悔可是来不及了。"

我们总是对自己说等到什么什么时候再怎样怎样，似乎我们所有人的生命都可以由我们任意等待似的。"等到我大学毕业以后，我就会如何如何"，"等我最小的孩子结婚之后"，"等我把这笔生意谈成之后"，人人都很愿意牺牲当下，去换取未知的等待；牺牲今生今世的辛苦钱，去购买后世的安逸，但却没人想过，后世的安逸你是否拥有得了。

许多人认为必须等到某时或某事完成之后再采取行动。"明天我就开始运动"，"明天我就会对他好一点"，"下星期我们就找时间出去走走"，"退休后，我们就要好好享受一下"。然而，生活总是一直在变动，环境总是不可预知，各种突发状况总是接连不断。

这里我们并不是要求人们摒弃积攒的好习惯，而是希望我们在无法控制未来人生的情况下，活得对自己更负责一点。0.8生活学就告诉我们，不要把我们的精力积攒到十分。有时，我们想想，何不先预支我们想要在退休后所要做的事情的20%，在我们力所能及的现在完成呢？

174

这样既不妨碍我们既定的退休计划，又能尽量让我们的人生少留遗憾。

　　每个人的生命都是有尽头的，许多人经常在生命即将结束时，才发现自己还有很多事没有做，有许多话还没有说，这实在是人生最大的遗憾。别让自己徒留"为时已晚"的余恨。有许多事，在你还不懂得珍惜现在之前已成旧事；有许多人，在你还来不及用心之前已成旧人。遗憾的事一再发生，但过后再追悔"早知道如何如何"是没有用的，因为"那时候"已经过去了。

　　一句瑞典格言说，我们老得太快，却聪明得太迟。不管我们是否察觉，生命都一直在前进。对未来我们毫无把握，而人生也并未销售回程车票，失去的便永远不再来。将希望寄予"等到方便的时间才享受"，我们不知失去了多少可能的幸福，因此不要再等待什么"有一天我可以松口气"，或者是"等麻烦都过去了"……

　　生命中大部分的美好事物都是短暂易逝的，享受它们，品尝它们，完成我们想完成的事，别把时间浪费在等待所有难题解决的"完满结局"上。因此我们要记住一句话：把握当下，莫等明天。

## 蟋蟀族：要为自己留一部分紧急备用金

　　从一件名牌到一次旅行，从一张难得的门票到醉人的夜生活，这种种的诱惑总是让那些被称为"蟋蟀族"的年轻人难以抵挡。他们像蟋蟀一样跳来跳去，赚多少花多少，乐观地抛开了未来发生危机的不安全感，追求眼下的品质生活。在当下社会，我们把一群偏重当前享受，储蓄率极低，透支未来，过着"今朝有酒今朝醉"的生活的人称为"蟋蟀族"。他们的典型特点就是及时行乐，为此他们不惜花光所有收入，甚至为此借钱或贷款。

今年 30 岁的侯志伟就是典型的"蟋蟀族"。大学毕业后，他在广州工作了 6 年多。粗略计算其每年的收入平均都在 8 万元以上，但是他离开广州来到厦门的时候，其固定存款却只有 5 万多，还不到一年的收入。

前年，侯志伟从广州来到厦门，到了一家外企机械公司做销售工作，当时的每月平均工资在 7000 元左右。公司还有"五险一金"、食品医疗住房等多项补助，交通费实报实销，每月与客户的交际应酬在 1500 元以内也都是可以报销的，随着业绩的增加，报销额度还可以同比例增加。

他的妻子小平是私立学校的老师，前年辞职后与侯志伟一同来厦门工作，现在工资 3000 元，每年除了正常的旅游、美容、穿衣住行等消费外，没有过度的支出。

但长期的自由生活和高收入，让侯志伟夫妇养成了"蟋蟀"一样的消费习惯。他们在享受当下之外，传宗接代等传统观念也已经逐渐被轻松快乐享受生活的追求所取代。侯志伟在与妻子结婚之初就决定两人要做"丁克族"，5 年过去了，他们"光荣"地成为深圳众多丁克族中的一员。

因为没有小孩，家庭每月的花销主要除吃穿外，就是朋友、客户的交际应酬。因为一直从事着市场营销的职业，侯志伟习惯了与朋友的礼尚往来，来厦门两年的时间里，各种休闲场所、运动场所他基本都消费遍了。

而相对于丈夫，小平的消费观念还是比较理智的。她管理着日常的家庭开销：夫妻俩日常必备开销每月 2000 元；丈夫与朋友交际应酬每月 3000 元；她自己买衣服及美容每月 1000 元；夫妻平均每月拿出 500 元积攒起来用于一年一次的旅游。他们的生活过得有滋有味。

但自从去年两人买了一套期房开始，日子便一下子紧巴起来。房子有 90 平方米左右，目前已经入住。在双方父母的资助下，两人交够 30 万元的首付，付完房子首付后，夫妻俩发现因为他们长期没有存储的意识，多年下来两个人仅有 2 万元存款，但却背负了几十万元的贷款，贷款年限 25 年。粗略一计算，两人每月要偿还本息合计 6000 元左右。而且年初两个人有了爱情的结晶，小孩出生更让本来就紧巴的生活变得更加拮据了。

我们按常理想，一般像小侯这样收入的家庭，是不至于落到拮据的地步的。但因为夫妻俩长期没有储蓄的概念，没有计算过未来可能出现的问题，所以当问题刹时出现在眼前时，便找不出解决的办法了。

人生短暂，我们无法预知未来，所以及时行乐固然是一种洒脱的表现，但一味地追求洒脱，不懂得未雨绸缪就难免落得秋后的蟋蟀的下场了。所以对于目前尚无压力的我们，不妨学着 0.8 生活的要求，拿出我们收入的 20% 作为储蓄，以备不时之需，这样既不会对我们正常的生活品质影响多少，又能够为我们解决出现突发事件的后顾之忧，何乐而不为呢？

## 蜗牛族：你的生活质量下降了吗

"耕者有其田，居者有其室"是中国人传承了千年的传统。中国人一直以来都拥有着强烈的土地观念，认为先有房子才会有家，因此拥有属于自己的房子自己的领地一直以来都是我们中国人的固有情结。

但是在当下，人们的生活压力已经越来越大。很多人每天一起床就要先为一日三餐而发愁、奔波，因此对于他们来说，拥有自己的房子已经不啻于是一个遥远的梦想了。但梦想总要去实现，为此这些将购买房屋作为自己理财首要目标的人，不惜节衣缩食或者背负长期房屋贷款，在身上为自己加了一个重重的壳，像蜗牛一样，步履蹒跚，我们因此称这些人为"蜗牛族"。

"吃饭？只要你请客我就去！""酒吧？实在不好意思，我最近晕酒。"每当有朋友同事约小张出去玩时，原本是派对动物的她就高高挂起免战牌，选择蜗居在那空空洞洞的新房里。

大学毕业后，小张经过多次面试终于得到了一份月薪6000元的工作，成为一家外企公司的行政人员。当时，小张和同学在她所在公司的附近合租了一套小房子，每月1000元的房租让小张负担起来绰绰有余，生活质量也保持在一个很高的水平上，经常能和朋友吃饭、泡吧、旅游，过得那叫一个逍遥自在。

但工作的第二年，小张突然非常想正式落户北京，成为一个北京人。于是，她壮起胆子，毅然以1.5万元/平方米的价格，买下了五环以内的一套80平方米的公寓房。这套房子总价120万元，首付50万元，月供6000多元。买房后，小张的生活质量急剧下降。她再也不敢随便去商场买衣服和化妆品，也不再去星巴克、酒吧，每天一下班就准时窝在家里，连以前最心爱的时尚杂志都不得不放弃了；而且由于薪水全部都用在还房贷上面，平时的开销没着落，她不得不每月靠母亲汇过来的钱救急。

小张也想过要把房子租出去，另外再去市郊租一套房，可联系中介后才发现，自己这套房子的租金一个月只有3000多元，扣去自己要租的房子的租金，每个月只能增加几百元，连还房贷的零头都不够，而且还要让出属于自己的房子。她现在想想真是为自己的一时冲动而后悔啊！这样的日子不是一年半载，而是还有漫漫的20多年在前面等着她呢！

难道安家就非要买房吗？我们的快乐仅仅来自于一座房子吗？如果为了房子而把生活的称准降到了我们已经无法忍受的地步，那么快乐将从何来呢？

对此我们不妨想想，其实房子只是临时住所，你买了，它只是临时属于你，几十年之后它又不属于你了。因此我们不妨看开一点，房子又不是家，它仅仅是人居住的物质载体，拥有固然是好，但没有也没什么大碍。我们应该学着过一下买房的 0.8 生活，将精力和金钱的 80％ 用在感情和生活上，而用那剩余的 20％ 去考虑房子的问题。

现在有些在房子上面看得比较开的人就选择租房而不是买房，他们的这种选择，就为我们提供了一种新的生活方式和人生态度。

在南京工作的小吴就和丈夫体验着租房的快乐。小吴毕业时正赶上中国房地产业剧变。结婚前，她和丈夫总期待着房价会降，降到他们可以承受的价格，但没想到房价却一年比一年还高。

她和老公的家庭都是工薪阶层，两个人又都刚毕业，没有什么积蓄，因此买房对于他们来说可谓是个不小的负担。但结婚的事家里人催得紧了，两个人想想，老婆大人说决定先租房，因为他们实在是不愿把后半生的自由都绑在房贷上。就这样，他们在租的房子里领证结婚了。

虽说是租房，但能和心爱的人住，两个人的婚后生活非常幸福。而因为没有房贷的压力，两个人婚后的蜜月还出国旅了趟游。

我们何不抛开买房的压力，专注于自己的生活质量，由此我们可以尽情做一些我们认为有价值的事情，而不是整日忙于工作还贷。我们也可以尽情发挥我们的聪明才智，将本来用来买房的钱拿出来进行投资，让死钱变成活钱，用钱生钱来为我们赚更多的钱。因为只有脱掉重重的壳，我们才可以飞得更高。

## 慈乌族：请拿出一点钱来爱自己

在现在的社会中，我们不难看到这样的场景：只拥有一个孩子的家庭，夫妻两人为了给孩子规划一个美好的未来，省吃俭用，攒了小学的钱攒中学的钱，攒了出国的钱攒结婚的钱，但他们却不舍得为自己多花一分钱，甚至有时对于自己正常的支出都要百般算计。

为人父母者，总忍不住操心自己的儿女，总是怕儿女在社会上吃亏、走错路，只要儿女出现一点问题，就会让父母的神经紧张得不得了。

胡先生是一个吃了大半辈子粉笔灰的老师，如今他退休在家，一个人守着个大院子，夏天侍弄一下院墙下的一片菜蔬，冬天看看屋瓦上落着的几十只鸽子，闲暇时，看几眼医书，翻翻唐诗宋词，这就是他每年重复的生活。他的妻子已经"走"了8年了，儿女们又都不在身边。他们都只在春节的时候回来几天，过了初五，就又四下散去各回各家了。

平时，只剩一个人的时候，孤独寂寞悄然袭来。胡老师也曾想过出去旅旅游，去那些只在教了一辈子的课本上见过，却从来也没有到过的地方看看，但他又实在是囊中羞涩。照理说，教了一辈子书，虽说不是什么白领行业，但多少也会有点积蓄吧，但胡老师除了这个院子却身无长物。

原来，胡老师和妻子早年生了两个孩子，为了让孩子以后能轻松一些，夫妻俩平时省吃俭用，好不容易等到孩子大学毕业，结果两个孩子一个要出国留洋，一个在国内结婚要买新房。不得已胡老师只好把最后的积蓄都掏了出来。妻子原本打算等退休以后和胡老师出去好好转一转，学人家老来俏补一个蜜月，但这样一来计划就要无限期地推迟下去了。最后直到妻子去世，胡老师也没完成妻子这个心愿。

现在每到过节，尤其是中秋，看到邻居们笑语满堂，他却孤灯冷灶相伴的只有电视，又想起对亡妻的愧疚，不由得感到万分凄凉。

其实每个人在成长的时候都会遇到这样那样的问题，而处理好这些也是一个人成长的必经考验。有的时候父母以为孩子很难，但其实并没有他们想象的那么难。所以当父母的不必为孩子操太多的心，尤其在经济上，多让他们自己处理，相信他们自己的处理能力。这样既锻炼孩子，也可以让自己过得轻松一些。

作为拥有孩子的人，我们想在经济上支持自己的儿女，这固然没有错，但不必非为了儿女而忽视自己。我们不妨在自己和儿女之间划分一个 20％与 80％的比例，把 20％的精力用在自己身上，给儿女们 80％，这样既不会让儿女们感到太多束缚，又可以让我们自己有个安祥、幸福的生活。

在为人父母以后，最睿智的想法是我们要像爱自己的儿女一样爱我们自己！这是因为，爱儿女和爱我们自己一样，都是为了家庭。

作为爱自己的人，我们一刻也不要忘记，我们的生活也是由我们自己决定的。我们无论给儿女什么，都不如给他们一个快乐的家庭、一对健康的父母更让他感到高兴的。既然我们也是家庭的一部分，那么对自己好，不也正是对家庭好吗？

这些大道理可能谁都懂，但到了做的时候却可能不太容易做到。说实话，毕竟是自己的儿女，想不牵挂是假的，但若转念一想，我们如果太过牵挂，于己无利，于儿女也无益啊！还不如减去几分对孩子的牵念，增加几分对自己的关心，这样自己舒心，孩子们高兴，亲友们也轻松，如此，何乐而不为呢？

第八章　为什么我们挣的钱总不够花

## 理财公式："储蓄＝收入－支出" 与 "支出＝收入－储蓄"

　　"储蓄＝收入－支出"与"支出＝收入－储蓄"是两个有关于我们日常理财的公式，乍一看可能看不出有什么区别，不都是收入、支出和储蓄之间的关系嘛！但事实上这两者之间却有着巨大的差别，它们反映出两种不同的理财观念。而我们具体执行哪一个公式，其理财结果可能就完全不同。

　　让我们先看第一个公式，"储蓄＝收入－支出"，这可能正是我们绝大多数人所在执行的日常理财公式，这种行为的主要做法就是在每月取得工薪收入后，先不考虑储蓄，也不考虑理财目标，而是先用来花，在满足了各种支出的需要后，如果仍有剩余，就存起来作为储蓄，也就是说用剩余的收入作为储蓄。

　　这个公式所反映出来的是没有计划的、盲目的支出储蓄观，缺乏"强制储蓄"的思想。通常采取这种方式的人，每月的储蓄额可能会很少，甚至为零或者负数，相应地，其理财结果也会较差。

　　因为，如果我们在拿到工资后，先考虑消费，而这时有钱在手，我们就不免在除了基本的吃喝等费用外，还大量购买自己喜欢的各种物品，而且经常产生冲动性消费，就是随心所欲的、没有计划地购物。只要是自己喜欢的东西我们就买，而不是凭是否有用、是否需要，这种做法的结果往往是东西买回家以后才发现这种东西对自己根本就一点用处也没有。

　　而由于"收入有限，欲望无穷"，在先保证消费的前提下，储蓄往往最后都变成了"零"，甚至是负数。而当我们一旦遇到自己必需的大额支出时，如医疗、购房等，就会立马"傻眼"，因为我们会发现自己的储蓄账户可能连要支出的零头都不够。

在深圳工作的小楚月收入5000元，在一起毕业的同学里他这个收入应该算高的了。但工作三年来，小楚居然一分钱都没攒下，这令同学们非常不解。

有人问小楚为何这样，小楚回答说："自从第一个月发工资以后，自己渐渐觉得"牛"了起来，想想5000块对于刚出校门的我是多大一笔数目啊！于是又是买衣服，又是出去旅游。当然有的时候也想着要存钱，但想想自己一个月有5000块这么多，少存个800、1000的也不算什么，结果到了月底才发现，居然一分钱都没剩下。于是我就安慰自己，这个月没存没关系，下个月开始也不迟，但谁知第二个月还是这种情况。就这样我花钱变得越来越大手大脚。外出逛街时，朋友们见我总是轻松刷卡，很羡慕。看着朋友羡慕的眼神，令我感觉很爽。但谁知道这三年下来，我却连个应急的钱都没存下。"

小楚的故事让我们看到了前者的弊端，而后者——"支出＝收入－储蓄"则会产生完全不同的另外一种理财结果。

"支出＝收入－储蓄"反映出来的是有计划、有打算的支出储蓄观，这无疑是一种正确的理财观。它的具体做法是，在取得工薪收入后，先计划好需要储蓄多少钱以用于自己日后的必须支出，做好未雨绸缪。然后把剩下的部分再用于日常支出，甚至是不必要的消费。当然，用于储蓄的资金数量应该是适当的、有计划的，不能因为过度地追求储蓄而影响我们的正常生活。

今年35岁的王女士在一家国际知名企业工作，从事办公室管理，月收入8000元左右。工作了10年，现在王女士在北京三环有住房一套，80平方米，市价约200万，贷款已差不多付清；又拥有股票基金市值约10万元，定期存款20万元，活期存款5万元，并买了一辆20万的轿车。

王女士的身家让一起毕业的同学姐妹们诧异不已，纷纷向她请教持家的经验。王女士表示其实她也没有什么特殊的窍门，只是懂得合理分配自己的收入而已。工资拿到手肯定要先保障自己的日常生活，但在此之外王女士便不再做计划外的支出了。她给自己制定一个每月存款数额，将要存的钱悉数存入银行或者进行投资，剩余的钱再用于其他支出。如果当月没有其他支出，那么剩下的钱还要存起来，而如果当月有超过预计的支出，就从银行取出一点，但再过一个月一定要记得补上，由此慢慢地就积攒了一大笔资金。而同时由于王女士又懂一点投资，将积攒的钱大多数用来投资，由此身家就多了起来。

由此我们可以看见，"储蓄＝收入－支出"与"支出＝收入－储蓄"虽然看似相同，却是两种截然不同的理财方法，它们包含着各自不同的理财理念，而我们日常具体选择哪一个，所做的工作不一样，结果就肯定也不一样。选择前者，虽然看似逍遥自在，却降低了抵抗未知风险的能力；而选择后者的人，一般都能攒下一笔数目可观的储蓄，为以后的生活中较好地实现自己的各种目标打下基础。

## 开支 80%，打理剩下 20% 的小钱

当我们看电视看到理财的讲座，当我们和同事聊天聊到理财的话题，我们很多人无不抱怨"无财可理"，抑或还有人会说"等我有钱了，再考虑理财的事情不迟"。但事实真的如此吗？

在广州开发区某机械公司上班的小彬就是属于我们经常说"无财可理"的那种人。但小彬自己可不这么想，几年来，他通过积少成多，终

于把小钱变成了一笔不小的钱。

2006 年刚从大学毕业来广州上班的时候，小彬每个月的收入只有 1500 元，但由于住在公司无需住宿费用，因此扣除餐费和日常生活费之外，每个月还能够结余下来至少四五百元。开始的时候，小彬并没想过这四五百元能做什么，于是就让这每个月结余下来的钱，都静静躺在自己的工资卡上"睡觉"。

2008 年，小彬换了一份工作，工资也比之前翻了一翻。这次每个月的基本结余能够达到 1000 元左右了。而由于在公司负责职工薪酬的工作，小彬需要经常同银行打交道，于是他就想："我每月可以存下的工资就这么点，就没有什么方法能让这些钱的收益比存款利息好一点吗？"

通过银行理财人员的建议，小彬将工资结余部分以购买基金、股票、期权等方式分散投资了出去。而由于小彬本身也对投资越来越感兴趣，研究得越来越深入。经过这三四年的坚持，到了今年，他的账户余额已经超过 10 万元了。

其实理财并不是有钱人的专利，我们普通老百姓只要日常多加注意，也是可以实现理财的目标的。投资学有句话叫"你不理财，财不理你"，假如我们的钱本来就不多，那我们不就更需要学会合理地理财吗？

小钱在哪里？有很多人会这样问。这里我们不妨采用 0.8 的理财方式找一找，假如我们不把所有的开支都消费掉，而是省下其中的 20%来，看一看我们的日常生活质量会不会有大幅度下降，答案应该是不会的，固然节约下了 20%或许会使我们一些需求得不到满足，但我们不妨看一看那些需求是不是原本就是可有可无的呢？

试着去往那 20%不必需的消费处找一找，是不是不找不知道，一找吓一跳呢？不知不觉在我们手中随意流出的，其实大部分都是我们平时不太注意的小钱。它可能是我们逛街逛累了的一根哈根达斯，也可能是我们周末无聊消遣用的一张电影票，亦或者是我们已经吃得很饱了的饭后甜点。如果我们把这些不必需的小钱全都集中起来，那么也不失为一笔"巨款"啊！

大钱与小钱的最大差别，其实就在于理财方式的选择上。钱越少，能够选择的方式越有限。举例来说，当我们手中有 1000 元想要进行投资时，能够选择的就是门槛低的低收益理财，比如储蓄和国债；但如果我们手中有了 10 万元，那么可供选择的理财方式就多了许多。所以，钱少的时候，理财反而不易。而相反，因为钱本来就很少，会让我们产生花掉也没有大碍的想法，因此只有控制自己，先将小钱积累起来，你才有可能把小钱变大钱。同时，我们也不能因为嫌小钱投资赚得太少而放弃，要知道不积跬步，无以至千里；不积小流，无以成江海。当我们没有大钱用来投资时，先用小钱来练习自己的投资技巧，而等到有一天大钱来临了，我们的投资掌控能力肯定也已经相当出色了。

对于小钱的理财，我们所需要做的事情，就是不要急着将每次收到的小钱花出去，给自己的支出划出一个 20% 的储蓄线，一旦有了可花可不花的小钱，就可以先将它存到那 20% 的储蓄线里面。这样，既能有效地量化我们的储蓄目标，控制冲动性消费，又能让我们的小钱显得不至于太"小"，理起财来，才更有动力。

对于我们大多数上班族来说，每月工资除了日常开支外，可能所剩无几，用于理财似乎微不足道。因此只有牢牢把握 20% 和 80% 的分配红线，才能摆脱月光的尴尬局面，更好地实现理财目标，为我们未来的生活打下坚实的物质基础。


## 不要几高一低，理财要懂得黄金分割


当我们有了钱，可以进行理财的时候，有的人却开始为投资方式太多而发愁了。如果没有一个良好的理财结构，那么对于资金充足的人来说，不啻于守着一屋子的财宝却没有锁，只能眼睁睁看着资产被市场一点点侵蚀。

而不懂得理财的人最容易犯的一个错误就是，资产状况出现"几高一低"的情况。总结起来就是：汽车、房产等固定资产很多，而现金、活期存款等流动资产却远远低于家庭平均月开支。

这种理财状况的问题在于，流动资产是应付我们日常支出的。现在一个资深白领也好，一个菜鸟上班族也罢，突然之间失去工作，在目前市场竞争这么激烈的情况下，半年一年找不到工作也是常有的事。因此我们在日常就必须留够一段时间的生活费用。这既是标准，也是原则。而如果这一段时间我们真的突然没工作了，保证家里日常的花销应该是没问题的。而如果现金、活期存款等资产低于家庭一段时间的必需开支的话，我们就应该觉得这是不安全的。

赵女士五十多岁，她现在到处在打听一支股票什么时候能够复牌。朋友问她为什么这么急，她说她的丈夫病了，需要动手术，但家里没这么多现钱，股票倒是有不少，但医院又不能收股票，因此需要把股票卖了，然后去给他付手术费。但是这股票却迟迟不能够复牌，真叫她不知该如何是好。最后没办法她只有低价转让了将来留给孩子的一套房子，才解了燃眉之急。

赵女士的例子不禁让我们想到，我们对于突发事件的准备是如此得差。这很好理解，毕竟我们谁也不愿在过着好好的日子却总去往坏处想。但一旦突发事件真的来临，而我们又确实没有做好应对准备，那就不免要做出一番漏脯充饥的无奈举动了。

所以说家里的资产，从理财角度讲，流动性、安全性和盈利性应该是匹配的，要充分考虑到流动性，就是说我们一旦要用钱的时候，是一定要有现钱可以用的。而这个流动资产和固定资产的匹配比率又该是多少呢？我们不妨用20%对80%的比例进行黄金分割，保证我们的流动

第八章 为什么我们挣的钱总不够花

资产和固定资产具有一个 2：8 的比例。

在财务管理学中，分析企业的资产负债表有一个很重要的指标，就是权益类资产的比重。权益类资产一般存在高风险，要定期去分析企业的权益类资产的变现情况。在企业整体的资产中，有百分之多少放在固定收益类的产品中，百分之多少放在权益类的资产里面，百分之多少放在实物资产里面是非常重要的。

同样，我们日常的家庭理财其实就是一个资产配置的过程。我们要把钱分配到不同的地方。所谓理财，说简单一点就是我们要把不同的钱放到不同的篮子里面，存款就是存款，房产就是房产，保险就是保险，而有更多的闲钱我们还能拿来炒股票。

但请记住，我们分配资产的方式一定不能让流动资产少于 20%，如果我们发现其少于 20% 的话，那就要在某些地方注意一下，是不是要让一些固定资产开始变现了。实际上我们对突发状况未雨绸缪，甚至杞人忧天都是应该的。很多人不习惯把钱拿在手里，是觉得这样没有安全感，但实际却是应该反过来。假如要求我们迅速拿出现金而我们手中的房产股票无法变现，那才是没有安全感！

当然，我们每个人都希望自己的钱能生钱，并且越多越好。我们把自己的投资预留出空间来，将钱更多地放到高回报的领域，这固然没错。然而我们还有日常的消费。从本质上讲就是节省消费，用剩下的钱去投资，以钱生钱，这是理财的核心和本质。但如果我们为了多点回报而一分钱不拿出来上保险，那投资也是不可能有保障的。

## 第九章

# 为什么我们会在无心之中得罪人

## ——0.8 的表达技巧更受欢迎

佛曰："口说一句好话，如口出莲花；口说一句坏话，如口吐毒蛇。"我们会看到这样的人，他心如菩萨，却处处在言语上给人难堪而且浑不自知，到头来却弄得四处不讨好，这就是不会表达的缘故。学会 0.8 的表达技巧，我们虽不想圆滑世故，但也想和他人相处得更融洽一些。

## 人人都爱你适度的热情

黎巴嫩诗人纪伯伦说过："热情，不小心的时候是一个自焚的火焰。"印度大文豪泰戈尔也说过："热情，就像是鼓满船帆的风。没有风，帆船就不能航行；但风太大，有时却会把船帆吹断。"

在北京坐过出租的朋友都了解，现在北京的"的哥"们都十分地热情，为了使乘客在乘车的过程中不会感到无聊，与乘客聊天便成为了一种普遍的现象，美其名曰侃大山。有的"的哥"就比较会侃，见什么人说什么话，找一些有趣的小段子，把客人逗得开怀大笑，自然客人很高兴乘坐他的车。但有的"的哥"就有点热情过度了，天南海北，云山雾罩，话题没完没了。或许客人比较喜欢安静，但他们却一直放着"欢快"得不得了的音乐。这样自然就会给对方一种无形的压力，巴不得快些到目的地，以后誓死不坐他的车了。

热情应该说是世界上最具感染力的一种行为。然而，凡事都需要把握一个"度"，过犹不及只会适得其反。

一位老板想招聘一名化妆品专柜营业员。他让两位候选人在相邻的柜台先试营业一天，根据营业额的多少确定最后人选。

一位先生先走进了漂亮的张小姐的店。张小姐立刻满脸堆笑，极其热情地迎上前去，向顾客介绍各种产品的价格和特点，然后又不由分说拉起顾客的手就涂上了她介绍的那种产品。结果很多人被她的热情吓住了，以为她是一定要把东西卖给自己，赶快逃之夭夭了。

然而，当有的人来到相貌平平的杨小姐店里时，杨小姐只是微笑着静立在一旁，等顾客有问题要询问时才从容地一一作答，这种轻松的气氛让客人感到非常舒服。最后有的人甚至买了原来张小姐曾介绍的产品，满意而去。

张小姐付出了无比的热情，但收获的却是客人的逃之夭夭；而杨小姐懂得把握热情的分寸，所以轻松地拿到了工作。

张小姐和杨小姐付出的同样是热情，但达到的结果却不相同。所以我们可以看出，不考虑对方的心理状况，投入过度的热情，反而会让人感到困扰。所谓施情者强人所难，受情者尴尬不堪。

其实"热情"的服务并不代表最恰当的服务。比如有些顾客去药店买一些"特殊"的药，本来就是很难为情的事，不愿意让别人知道自己得了什么样的病。若营业员忽略了顾客的隐私权与心理感受，热情地为顾客介绍这个药的主治病症，而这些正是顾客最不情愿在大庭广众之下提及的，当然会退避三舍了。这时候我们不妨将热情打个 8 折，收敛20%，那样反而能收到百分之百的效果。

热情适度了，会沁人心脾，过了度，便失去了真诚。所以，对于热情这一把火，我们一定要把握好限度，否则温暖立刻就会变成高温，弄不好会灼伤人的。

## 适度奉承可以取悦人，过度的奉承则适得其反

法国作家拉罗什福科曾说过："奉承是一枚依靠我们的虚荣才得以流通的伪币。"奉承这个词本身是具有贬义色彩的。

但我们大可不必一听到"奉承"二字，就嗤之以鼻，一看到奉承别人的人，就不屑一顾。其实出于无奈也好，敷衍也罢，在不丧失人格与

道德底线的前提下，适度地捧捧他人，拍拍他人的马屁，这并不为过。

我们的奉承一定要看好对象，因为并不是人人都会因收到奉承的好话就飘飘然的。比如，一些比较明智的企业老总，他们眼里好下属的标准并不是能不能说漂亮话、会不会逢迎上司的，而是对企业的忠诚度和工作的效率。如果员工只是乐于溜须拍马，而不注意提高自身的素质和对企业的忠诚，就很容易因奉承失度而拍到马腿上了。

王会明来到公司已经七年了，但一直也没有得到升迁，因为他平时本来就吊儿郎当，对工作马马虎虎，态度就是当一天和尚撞一天钟。而这些，他的每届顶头上司都看在眼里。

最近他的上司又换人了，换来了对他的情况不太了解的卢长林。王会明知道如果他再得不到提升，可能就再也没有机会了，于是想趁着卢经理还不熟悉他的情况时，努一把力。但他的努力方向并不是努力工作，而是要和新来的顶头上司搞好关系。他觉得，多奉承上司几句，让他对自己印象好一点，为自己以后升迁也能攒下不少分。

"你这双皮鞋可真好！我从来没有看到过这么好的皮鞋！要是什么时候我也能穿上这么一双就好了！"

"不是吧，这双鞋已经有一段时间了，我刚来的时候穿的就是这双，难道你没有注意吗？"显然卢经理对王会明的奉承并不感冒。

但王会明仍然不灰心，一会看见经理起身倒水喝，连忙笑着过去说："您亲自倒水啊，我帮您倒吧！"接着就跑去饮水机那里，给卢经理打了一杯水端了过来。卢经理满意地笑了，回答说："谢谢你，我现在确实很忙啊！"

王会明高兴不已，心想这个方法好像还真管用。

"您亲自上厕所啊！"下班前在洗手间遇到了卢经理，王会明满脸堆笑地说，"您现在挺忙的吧！"

"挺忙连厕所都不能上了吗？你这个人真是有趣！"卢经理莫名其妙

地看着王会明。

王会明遭了白眼，臊得两天没再敢和卢经理说话。

这个故事固然是个笑话，但同时也说明了，适度地奉承别人是建立良好的人际关系，使自己的工作得以顺利完成、目的得以顺利实现的一种方法；但如果一味地只顾奉承，而不去管时间、地点、周围的实际情况，那么往往会适得其反、弄巧成拙。漂亮话说得多了，说得过了，说得不切实际了，就绝不是什么好事了。

路易十四曾告诉剧作家拉辛："要是您赞美我少一点的话，我赞美您的就多了。"萨摩萨塔的卢西恩也曾经警告说，聪明的当权者鄙视言过其实的赞誉。

赞美的话说得太多太虚假没有任何意义。别人听得多了，也不会产生特别欣喜的感觉，反而觉得有失真诚，甚至小瞧这个人。在中国古典名著《红楼梦》里，刘姥姥对大观园的每样东西都赞叹不已，最后却成为大家的笑料。因此，奉承并不是要让我们不分场合不论真相地乱拍一气马屁，成功的奉承应该是一种成熟的为人处世技巧。

总之，在和人交往的过程中，我们应该根据对方的长处给予适当的赞美，切不可奉承过度，否则很容易遭受尴尬，因为别人不仅没有从奉承的好话中感受到愉悦和满足，反而认为奉承者在有意讽刺他、调侃他。对此，有的人可能会心里暗暗生气，对奉承的人怀恨在心；而有的人则会把不高兴带到脸上来，并严词更正，让奉承的人无地自容。

## 懂得倾听，给别人说话的机会

有句俗话叫：语言是沟通的桥梁。话语是我们日常沟通必不可少的工具，我们要利用它让他人明白我们的意图，同样我们也可以利用它使自己明白他人的想法。

有的人，他们口若悬河、滔滔不绝的口才令人佩服，却没有对语言的自控能力，太过强调话语权，凡他们在场的时候绝没有别人说话的分。而且他们也不分场合对象，滥发议论，对所有的事张嘴即来，更有甚者一味地崇信"实话实说"精神，不顾及听众的感受，不考虑讲话的后果，想到什么就说什么……

这样的人势必会给自己和别人制造诸多麻烦，因为我们固然不欢迎除了沉默就是谎言的人，但是，对有话便滥发嘴痒的"大演讲家"也很惧怕的。

孔子曰，三人行，必有吾师焉。每个人不可能在所有的行业、所有的领域都是专家，有的时候多给别人一个说话的机会，也许就意味着灵感，意味着机遇，意味着财富！

作为公司的经理，老朱最近很恼火，供应商已经几次延误交期了，造成公司生产非常被动，可现在他们居然还要求涨价，真是火上浇油。

今天上午，老朱又一次因供应商延误交期而气得摔了电话。而就在这个时候，一个供应商走进了老朱办公室。他是一个其貌不扬、极为低调的年轻人。他现在这个时候来老朱办公室，不正好撞到了枪口上吗？

老朱正在气头上，不想给他说话的机会，一见他进来就没个好脸色，语气生硬地说："你是不是也要涨价？我告诉你，公司定的价格，我没有权力更改，也没有时间来陪你谈这个事情……"半个小时之后，老朱已经说的口干舌燥，就想转身请他离开。

"朱先生，我还没开口，您怎么知道我就一定要和您谈价格的事。您就不能给我一个说话的机会吗？"年轻人面带微笑，不卑不亢，不温不火。

年轻人的态度让老朱意识到刚才自己的失态，语气变得缓和了下来，探询地问道："那你的意思呢……"

"朱先生，您有没有发现，这款零件价格争执的焦点其实都落在一个关键部位上，有没有办法让这个部位简单点呢？如果能在设计上予以简化，我想涨不涨价根本就不是问题。"年轻人语气轻缓，陈述着自己的建议。

"你们加工这部位很困难吗？"老朱持怀疑态度。

年轻人再一次笑了："我就知道您会这样问的，所以我把我们加工新产品的工具都带来了。我可以演示比较给您看，证明价格的焦点就在这个部位的加工上。"

随后，年轻人将放在门外的工具带了进来。经过他的现场演示和老朱的观察比较，讨论的结果就是如果按现有设计和加工要求做，新产品执行老产品价格，供应商确实会赔本。

老朱看过他的演示后马上找到公司领导，把几个零件摆在他们面前，提出了自己的技改建议。领导对他的建议非常满意，拍板通过。困扰老朱许久的问题就这么解决了。

在日常工作中我们就应该多听取不同人的意见，在社交场合就更是如此。每个人都有倾诉欲望。在彼此地位对等的时候，如果在这种谈话中，我们总是一个人一直滔滔如高山瀑布，永不停止地倾泻着，那对方就没有说话的机会，完全是我们说他人听了。这样我们肯定不会受人欢迎，甚至可能会被别人耻笑。

世界著名的记者麦迪逊说："不肯留神去听别人说话，是不受人欢迎的第一表现。"就像几个人聚在一起讲述故事，甲一个一个地讲了好几个了，乙和丙谁不都是嘴痒痒的，也想来讲述一两个。可是，甲只管滔滔不绝地一个一个讲下去，使乙和丙想讲而没有机会讲。我们试想一下，乙和丙的心里一定不好受。因为他们自己没有说话的机会，专门听甲的讲话，自然会没有精神听下去，谈话也只好不欢而散了。

美国钢铁大王卡内基说："倾听是我们对任何人的一种至高的恭维。"英国心理学家杰克·伍德说："很少人能拒绝接受专心注意、倾听所包含的赞美。"因此与人交谈，注意倾听别人的讲话，则会更显示出我们的涵养和高贵。

说话不是说给自己听，而是说给别人听。所以，不能只顾自己说话，而忽视别人的感受。如果不听别人的反馈，不给别人说话的机会，即使你说的再好听也全是废话。

## 祸出于嘴痒难止，益得于语言的适度

古希腊有句谚语说："学会控制自己的嘴巴是人类最重要的美德。"在人体器官中，最难调教的莫过于嘴了。一张嘴，分管了人生中的两件大事：一是吃；二是说。有的人会因为贪吃从而导致病从口入；而有的人会因为"爱说"从而导致祸从口出，这一入一出，嘴的弱点一览无余。

韩非子在《说难》中得出的结论是："非知之难也，处知则难矣！"这句话的意思就是说，一个人如果处在可能被怀疑或是不该发表意见的处境中，即使再正确的话也不能随意开口讲。人们向来就不乏说话能力，但是对说话分寸与后果的考虑却不多，逢人遇事张口即来，不分场合地点，不分对象情境，实在是让人汗颜。

一户人家生了一个男孩，全家高兴极了。满月的时候，主人把孩子抱出来给客人看，自然是想得一点好兆头，于是叫客人对孩子品评一番。一个客人说："这孩子将来要发财的。"于是得到主人一番感谢。另一个客人说："这孩子将来怕是要当大官的！"于是又收回几句主人的恭维话。接着一个客人说："这孩子将来是要死的。"顿时激起众人大怒，得到大家一顿痛打。

其实，无论说这个孩子发财还是说他做官，都无非是客套话，具体能不能实现，谁都没有把握；而最后一个客人说的却是实话，因为人总是要死的。但为什么最后一个客人说了实话却落得个被暴打的下场呢？那就是他说话欠考虑了。

我们在日常的交谈中，每说一句话之前，都应该先仔细考虑一下我们要说的话是否合适，不要口无遮拦，想说什么就说什么，给其他人造成不快。

小何和小赵平时爱开玩笑。几天没有见，一见面一个就说："你还没有'死'呀？"对方也不计较，回一句："我等着给你送花圈呢。"两个人哈哈一笑了事。后来小何因病重住进了医院，小赵去医院看望，一见面想逗逗他，又说："你还没有死呀？"这一次，小何翻了脸，生气地说："滚，你赶快滚。"说罢便把他赶了出去。

看来，即使是最亲密的朋友之间，说话也不能口无遮拦，不考虑听者的感受。有些人说话所以惹恼人，并不是他们不会说话，而是像小赵一样，没有分清场合环境。就像在公共场所与别人聊天或者闲谈的时候，最好不要对他人的个人状况妄加评论。如果某人的肩膀上有很多头皮屑或口气很难闻，或者有些许衣冠不整，我们就应该尽量忍耐地不去想它，等到没人的时候再告诉对方。如果我们直接告诉他，特别是在人比较多的场合，很容易让对方处于尴尬的境地。

同样，对于不同的人来说，他们或许都有着不同的忌讳，就比如许多人不喜欢别人问自己的年龄，尤其对女性而言。年龄是女人的秘密，不愿被人提及。而对钱等涉及个人收入一类的私人问题通常也是不宜在公共场所讨论的，尤其是对于男人来说。在社交活动中，我们想让自己诙谐幽默，令人欢迎这种想法很好，但要适得其法，不要拿话痨当有趣，这样很可能导致祸从口出。

而如何做到幽默又不让人讨厌呢？关键就是说话要掌握一个度。当我们说的话言而有实，受人喜欢的时候，我们可以滔滔不绝；而当我们言而无实，感觉到别人已经厌烦了的时候，那就不如闭嘴的好了。靠耍嘴皮子来赢得人缘，即使暂时能让我们"风光"一下，但这种"风光"又能维持多久呢？所以说话这个度，应该是建立在能言善辩的基础上的以理服人、以言悦人，而那些工于无度地突出个人的巧言令色者，甚至不分场合地点的"脱口秀"专家，是不会招人待见的！

总之我们说话更多是为了正确地表达自己的思想和意见，而不是光图个嘴巴痛快，胡乱发泄自己的情绪。我们把话说出去，听的人高兴了，我们自然欣喜，但不能只为了讨人喜欢而口无遮拦。一个成熟的人必须学会思考，必须知道适时闭嘴，这样才不会被嘴巴连累，吃"一吐为快"的亏！

## 即便能做到，也不要轻易许下诺言

管理学家马斯洛的"需求金字塔学说"得到这样的结论，人在解决自身温饱之后就会要求满足更高的需求。人需要尊重，其中包括自尊、自重和来自他人的敬重。比如，希望自己能够胜任所担负的工作并能有所成就和建树，希望通过帮助他人从而得到他人和社会的高度评价，获得一定的名誉和成绩。

在现在这个充满竞争的社会环境里，我们为了尽快适应环境，立足社会，给他人留下好的印象，都想拥有一种不屈不挠的斗志和积极向上的奋斗精神，这是非常好的。但如果一味地为"表现"而表现，事事争先，以至于大包大揽，不计后果地去争强好胜，这就很容易出问题了。

比如说面对别人的请求，我们能够帮助自然是好事，但我们在不确定能不能提供帮助的时候，就一口应承下来，结果等到要做的时候才发现事情远没有我们想象得那么简单，就不免落得个食言的尴尬局面了。

小孔的好朋友小金的新房要装修。小孔经常跑去小金那里帮忙打打下手，购买一些装饰材料什么的。一次在看到小金做瓦工活的时候，小孔心血来潮问小金要不要做木工活。小金看到家里刚好要吊顶，就问小孔："你还会做木工啊？"小孔原来也帮别人家里装修打过下手，当时觉得木工没多难，还挺有意思的，就大不以为然地说："那有什么难的。你就不用管了，全交给我好了！"于是，小金就将吊顶框架的工作全部托付给了小孔。

但等到小孔开始做的时候，才发现木工远没有他想的那么简单，因为以前他只是帮别人打下手，别人让他怎么做就怎么做，但现在全由他负责，他就不知道从哪儿下手了。施工图都没画，他就开始往墙上镶钉子框，结果镶好了才发现，每一行都对不齐，还要拔下来重新订，弄的满墙都是窟窿；连基本的木工准则都不知道，吊顶龙骨装了拆、拆了装的，原本计算好十天的工期，结果半个月过去了还毫无进展。

最后实在是撑不下去了，小孔不得不向小金道歉，让他请一个真正的木工队来施工。小金倒是很大度，没说什么，但从此以后就再也不敢轻易让小孔来帮忙了。

为了显示自己的友善，我们总是会轻易地答应别人的要求，但我们并未注意，如果我们不能保证自己能完全做得到的话，那么结果反而比不答应别人更糟糕。有时候，对自己做不到的事果断拒绝，其实也是一件好事。

第九章 为什么我们会在无心之中得罪人

再退一步讲，就算我们拥有帮助他人的实力，我们最好也不要轻易许诺，因为没人能够预料到未来的情形。即使我们最有把握的事，也有出现偏差的可能。而当偏差一旦出现，再回头说"实在不好意思，当初我没想到"恐怕于情于理都是不能通过的了。

所以我们要讲信用，就先要控制住自己的争强之心，就算是为了不让自己尴尬，也要学会收敛自己的诺言。我们想帮别人的想法是非常好的，但我们可以先试着做，而不是先把话说满，因为轻易答应了别人我们有可能做不了的事情，这样只会更伤人。而如果别人非要我们给一个口头的承诺的话，我们就不妨给自己的诺言打个 8 折，用那 20％的话来为那 80％的诺言垫底。这样做到了是惊喜，就算做不到，因为我们事先打好招呼了，也不会让自己落到出尔反尔的地步。

我国古代有句名言：息争强好胜的急促之心，不逞无用匹夫之勇。我们杜绝自己鲁莽的轻许诺言行为，就会为生活消减很多烦恼和灾祸，为自己树立一个言出必行的诚信口碑。古人云："得黄金百斤，不如得季布一诺。"这正是对信守诺言的季布的最高评价。但古人同时也有一句话：千金易得，一诺难求。这也正说明了因为季布不轻许诺言，才能让他的诺言比千金还重。试想如果季布像某些人一样，对所有的事都大包大揽，对所有的人都有求必应，那恐怕他这千金一诺早就变成食言而肥了！

## 一味发牢骚，是在拿别人当垃圾桶

发牢骚是我们表露心里不满的一种宣泄方式。在日常的生活中，每个人都有自己所烦恼的事情，在不影响他人的前提下，发发牢骚，是能够发泄掉我们心里的怨气，起到一定的心理放松作用的。因此，偶尔发一发牢骚也未尝不可，因为如果我们一再对烦恼的情绪忍住不发作出来，一则未必能化解心中的郁闷，久而久之甚至还可能"积郁成疾"，患上抑郁症等心理疾病。

一个普通的周六的下午，十来个男女聚集在东京市中心一个普通的房间里，他们专心致志地讲述着各自工作中、生活中出现的问题。他们不属同一家公司，也不是来自同一个社团，他们甚至相互并不认识，他们只是想通过这种互相发牢骚的方式缓解各自心中的压力。

根据官方统计数字，自 1998 年到 2011 年，日本的抑郁症患者人数增长了两倍以上，从 20.7 万增加到 70.4 万。另外，在这十几年内，包括抑郁症在内的情绪障碍症患者人数增长了一倍以上，从 43.3 万增加到了 104 万。高生活压力、很少交流是造成日本高抑郁人群的罪魁祸首。而这样的聚会正是为了那些找不到倾诉方法的抑郁症患者提供一个倾述的平台，让他们能将自己心中的压力以发牢骚的方式释放出来。组织者有这样一个目标：让那些饱受抑郁症折磨的人能够重新回到健康的生活中来。

有的时候，我们被生活压得喘不过气来，确实是需要找一些减压方式的，比如现在社会上出现越来越多的减压餐厅、发泄屋、脏话屋都是为了这种减压需求应运而生的。而发牢骚作为最便捷、最经济的减压方式，在我们心理和身体健康上面所起的作用也是不容小视的。面对着亲人朋友偶尔的正常地发一发牢骚，也不失为一种消遣和交流。

但同时，我们却不可以不分人前人后、不管事情轻重缓急地随便发牢骚。我们要知道发牢骚本身是不好的习惯，偶尔发牢骚可以不遭谴责，但牢骚发得太随便、太无所顾忌，甚至粗言粗语，有侮辱倾向，这样可就严重了。

管理学家马斯洛在其《自我实现的人》一书中，把牢骚分成三个等级，分别是低级牢骚、高级牢骚和超级牢骚。他认为，牢骚的水平即是一个人的需要、渴望、希望的水平，可以用来分析他的生活中出现的问题与烦恼。譬如整天处在担忧、贫困，甚至纯粹饥饿的人，往往拥有的都是低级牢骚。对于他们而言，满足最低层次的基本需求是当务之急。

但超出马斯洛的预判，我们的社会上却流行着一种叹世型牢骚。拥有这种牢骚的人大都是出于对现状的不满，却又不想办法去改变，只是一味地对遇到的每个人都慨叹抱怨，只要我们给他们一个和别人相处的空间，他们的牢骚马上就会"狼烟四起"，让人不胜其烦。

吴懿莲是个开朗的女人，但最近她却被周围的人影响得无比郁闷。办公室的小刘见到她就满腹牢骚。原来是有两个条件相当的小伙子同时追她，她不知道该选哪个。刚开始，小吴还会热心地帮她分析，但事情拖了大半年，她还是无法做出决定，总是一味地愁眉苦脸追着小吴问。渐渐地，一听她唠叨这事，小吴就头疼不已。

她的邻居老王也有满腹牢骚。他的儿子今年打算结婚，原本计划买套新房，但听说最近房价都降了，他也想等一等，没想到这一等反倒坏了。过了几天，房价不但没降，反而涨了不少。老王气得天天喝闷酒，醉了就跑来小吴家，找小吴的父母抱怨。

她的堂哥也有牢骚。他平时忙着做买卖，没有时间照顾孩子，导致孩子的学习成绩越来越差。有一次，堂哥一气之下把儿子揍了一通。不料，小家伙第二天就留张纸条，宣告离家出走了，弄得亲戚朋友们全都紧张出动，帮着去找孩子。最后孩子终于找到了，但小家伙从此学会了这一招，有一点风吹草动就玩一通"失踪"。堂哥郁闷了就打电话来诉苦，小吴听得耳朵起了茧子，但又不能不听。

小吴的同学如意也有牢骚。如意以前总抱怨自己的老公没出息，哪知他最近开始连连升职，薪水也翻倍地涨，买了新车，也换了大房子。可如意高兴了没几天，忽然觉得不对劲。以前老公常常帮她做家务，可是现在回家是倒头就睡，什么也不管。感觉无聊的阿红经常打电话约小吴出去逛街、喝茶。可是每次出去，她总要对自己的老公发一通牢骚，颠来倒去，直听得小吴几乎跟着一起崩溃。

从小吴的例子我们可以看到，面对他人的牢骚，即使是最亲密的人，也有听腻了的时候，谁也不想因为要听别人的牢骚而弄得自己也牢骚满腹。因此，己所不欲勿施于人，我们不想做小吴的同时，就要记得同样不要做小刘、老王、堂哥和如意。

面对烦恼，我们固然可以发牢骚，但要适可而止。只发牢骚，是解决不了任何实际问题的。而一旦牢骚过剩，养成了抱怨的习惯，就会只看到缺点，看不到希望，结果什么事也做不好。所以，对于牢骚，我们就不妨采用0.8的方法，先试着拿出0.2的牢骚时间，把它用在解决问题上，这样慢慢地养成习惯，一遇到牢骚我们就把话语变成行动。最终，我们的牢骚也肯定会消逝在我们的行动中。

## 有了荣耀和功劳，要感谢他人的支持

分享是幸福的根本。人类文明是在分享中诞生的；社会和谐是在分享中建立的；幸福的生活是在分享中加倍的。

但是，我们之中又有多少人不会或者不愿与他人分享，面对自己取得的成绩，总认为将它分给别人是一件痛苦的事，拿到了一点功劳，恨不得让全世界眼红。其实这就是理解错了成功的真谛了。

成功固然是每个人一生梦寐以求的事，但是如果我们总是自己一个人面对成功，那成功恐怕也没有多少意义了吧？因为那时内心的孤寂会让我们觉得自己并没有成功。况且如果我们不会分享的话，那成功是不会长留我们身边的。

十年前，北京中关村曾有一位成功的创业者。这位创业者当时在中关村做产品供求信息。当年的中关村做这一行的人还很少，因而这位创业者的收入非常可观，在很短时间内就买了车，买了房。可是他对自己的员工却很抠门，能少给一分，绝不多给一分，他管这个叫低成本运作。结果由于他不想将蛋糕分给他人吃的低成本运作，使得他的公司成了流水营。员工们只要学到了经验，就立马跳槽到别的待遇更好的公司去。这样下来，短短十年间他的公司已经整整换了六茬员工了；而这位创业者也从最开始的中关村中心写字楼搬到了周边寒酸的小门脸里。

人是生活在社会中的动物，在生活中需要不断交往。只有我们每个人都发挥自己的特长，相互之间进行交换，才能保证人类社会的正常运行。而交换就应该建立在互尊、互助的基础上。简而言之，人类需要一种分享的精神，才能让彼此更好地生存下去，并保持社会的和谐和进步。

翻开史书，我们不难发现，分享精神在人类早期的原始社会表现得最彻底。世界上最古老、最原始的猿人由十几甚至几十个个体组成，他们过着群居生活，既是社会组织，也是基本的社会单位。那时，在群体里面盛行的是互助协作、共同分享的思想。因为生产力很低，加之每个部落的成员数目很有限，人们只有通过互助协作、共同分享才能逃避猛兽追杀，以及饥饿煎熬，在恩威莫测的大自然面前生存下来。

因此可以说，人类的立足点就是建立在分享的基础上的。试想，如果一个原始人打到了一只猎物，只躲起来自己食用，而不是分给其他的部众，那人类恐怕在还没有学会使用火之前就灭绝了。而今天分享精神又成为了社会精英们的立业之本，懂得跟他人分享自己的成就和荣耀成为了成功人士普遍的优良品质。

日本的动画作品拥有世界第一的高水平。我们都知道著名动漫大师宫崎骏的《千与千寻》曾获得奥斯卡金像奖最佳长篇动画电影奖。但一般人恐怕都不知道制造这部动画所用画具的公司。这家制造动画工具的公司名为Nicker，位于东京练马区，生产动画界90％的工具。这家公司的规模在业界排名第18名，但是所有的画具都是手工制造，因此才能呈现出纤细的色彩。所以，当宫崎骏在领取奖项的时候，他才会由衷地说出感谢那些在幕后默默地贡献的公司员工们。

我们都熟悉的小说《三国演义》中有一个章节是司马昭命钟会与邓艾入川征蜀，结果二人急于争功。先是邓艾采取冒险的行动，由羊肠小道杀入成都，俘获刘禅，本应该是领消灭蜀国的首功；钟会却说，如果不是我在剑阁挡住了姜维的蜀军主力，你哪里占到这个便宜？二人互相告发对方谋反，互相倾轧，最终双双死于非命。

分享精神是一种文明，也是一种需要。当我们为获得荣耀取得成功而欣喜若狂时，不要忘了周围那些为了我们成功而默默支持我们的人。对于他们，我们不妨拿出我们成功的20％送给他们，让他们一起分享我们成功的喜悦。

分享于我们而言，就犹如空气和水一样重要。它不可迁移，亦无法掠夺，但它却能缔造人们理想中的天堂。唯有懂得分享，才能让人们彼此扶持，互相关怀，让人类更好地生存和发展。

第九章　为什么我们会在无心之中得罪人

# 人际关系的死穴：开玩笑太过火

　　英国自然神学家舍夫茨别利先生曾经说过："探求如何在一切事物前发出笑声和从一切事物中寻找出可笑之处，这两者之间存在着天渊之别。"在日常生活中，我们经常会和朋友同事开些玩笑。一般情况下，人们不会对开玩笑者有过多的指责，因为玩笑本身就是一种善意或者无恶意的调侃。它就好比一种精神"调节剂"，会使人与人之间产生一种轻松愉快的感情交流，这对紧张的工作、学习、生活无疑是非常有益的。而且俗话说"熟不讲理"，和关系非常亲近的朋友开些无关大雅的玩笑反而能够加深彼此之间的感情。

　　但是我们一定要把握好开玩笑的分寸，玩笑如果开大了那就可能不再好笑了。

　　我们现代生活的节奏是越来越快，工作的压力也是越来越大。我们无力马上改变自己的生活，但起码能够通过一些小的手段改变心情，让自己过得轻松些，开玩笑便是其中一种有效的方式。

　　但是玩笑的分寸是很有一番讲究的。适当开开玩笑可以缓解紧张的情绪，朋友、同事之间适当地乐一乐，无伤大雅，让同事一笑了之，这没什么。但是，过度的玩笑就不同了，因为开玩笑的人和被开玩笑的人心里的感受本身存在着差异。如果在玩笑中夹杂过多的贬损，甚至恶语攻击对方，就不仅不能达到情绪上"轻松愉快"的目的，反而使对方产生羞恼感，弄得对方狼狈、尴尬、难堪，使玩笑退化成愚弄。结果是伤了感情，丢了面子，甚至可能反目成仇，结为冤家。

　　在生活中，我们经常会遇到某些很喜欢开玩笑的人，但他们往往由于开过了度，把调节气氛的幽默玩笑变成了黑色嘲笑。在生活中经常把玩笑开过头的人被人们习惯性地认定是"刻薄"的人，容易引起他人反感；而在工作中，把玩笑开过头的人则经常会遭受很多意想不到的失败。

　　姜小姐是一家私企的外勤人员，是个聪明伶俐的女孩。她脑子灵活，言辞犀利，还有丰富的幽默细胞，无论到哪儿都是颗"开心果"。但如此可爱的姜小姐，却总是得不到老板的垂青，得不到升迁的机会！

　　姜小姐的工作非常努力，有一次她加了一整夜的班，第二天一大清早又赶到公司。满身疲惫的她一到公司就被老板不分青红皂白地说了一顿，说她工作不够仔细、状态差等，任她怎么解释都不行。姜小姐委屈极了，向比较谈得来的老员工请教。对方想了想反问她道："想想你平时有没有在什么地方得罪过老板啊？"

　　人家这么一问，姜小姐倒是想起来了，自己平时就爱与同事开各种玩笑，后来看老板斯斯文文，对下属总是笑眯眯的，胆子一大，就开起了老板的玩笑。

　　有一次，老板穿着一身绿色套装来上班。别人都是微笑地对老板说："您今天真精神啊！"只有姜小姐夸张地大叫："老板，难道今年流行青蛙装吗？"现在回想起来，当时老板的脸色真是特别难看。

　　还有一次，姜小姐带着刚刚谈好的客户和协议来找老板签字。看到老板龙飞凤舞的签名，客户连连夸奖老板："您的签名可真气派！"姜小姐听了又是一阵坏笑："能不气派吗？我们老板可背地里练了几个月了！况且这是他能用到最多的字了。"此言一出，老板和客户都无比的尴尬。

　　想到这些，一向快言快语的姜小姐明白了，原来这些开过了的玩笑就是她始终无法得到重用的原因。

　　开玩笑的确可以拉近同事间的距离，缓和人际关系，但如果玩

笑有人身攻击或者嘲笑挖苦的成分，那就不再是玩笑了。所以我们一定要了解好开玩笑的忌讳：一是忌揭他人短处，二是不要怀着讥讽的心态，三是不要带着污语说话，四是忌涉及他人隐私，五是不要把人逼进死胡同，六是忌拿人做笑柄，七是忌庸俗无礼，八是忌捉弄他人搞恶作剧。只要我们开玩笑的时候，远离上述"八忌"，我们就能保证把玩笑开在他人能够接受的范围内，让我们成为受人欢迎的既幽默又不刻薄的人。

## 献爱心也要讲方式，好心不一定被感激

相信我们生活的是一个充满爱的世界，在这个世界上并不缺少乐于助人的善良的人们，而正是由于有了这些乐于助人的人，才使得我们这个靠人与人的互助才稳定起来的世界变得更加美好。

然而，我们又发现，在这个社会上还有着这样的人，他们乐于助人却总是得不到人们良好的对待，甚至当他们帮助别人后反而招致社会或者是被帮助人的埋怨。

其实帮助别人本身是件好事，但帮助别人的同时，有一点是许多人特别容易忽视的，就是帮助他人保持尊严。很多人老是觉得："给你帮助，就是对你有恩。在你面前自己高人一等，甚至扫扫你的面子，也没什么吧。"这样的态度其实是极为错误的。因为，我们帮助别人本身是想给别人带来快乐，给别人的生活减少烦恼，如果我们不注意帮助别人的形式，不重视受帮助人的尊严，反而会给他们的生活带来负担，那我们帮助的效果也就无从谈起了。

一位中国女性去非洲参加一个慈善组织，他们的工作是给穷人发衣

服和食品。他们一早装车，又在土路上颠簸了几个小时，到达了目的地，满眼看到的就是棚户区，到处是低矮的棚子，儿童身上挂着很少的布片以便遮住发育不良的身子。这位女士看到这些，满心酸楚，拿起了东西就要去发。

突然她被同行的一位瑞士人叫住了，并且遭到了严厉的批评。瑞士人命令她把东西拿了回来。女士十分委屈，因为我们从小受到的教育就是施舍是好的，怎么就不对了呢？于是她就赌气站在一旁看着那个瑞士人。

只见那个瑞士人先到孩子中间，问："谁愿意帮助我卸车？我遇到麻烦了，需要帮助。"一群孩子中，有两个来了，他们帮忙卸了车，每人得到一小罐玉米粉和一件衣服。其他的孩子看着，羡慕极了。可是卸完车了，没有活了。他们眼中流露出遗憾的表情。

然后，那个瑞士人又说："谁愿意帮助我把东西码放整齐？"又有几个小朋友出来，将东西码放整齐，他们也得到了一样的东西。这时，没有来的都蠢蠢欲动了，但是他们做什么呢？

瑞士人又说话了："我现在累了，谁能为我唱个歌？"唱歌的得到了东西。然后，他又问谁能跳舞？跳舞的也得到了东西。到东西没有了，他们也很累了，乘上了返回的汽车。

在回去的路上，那个瑞士人向她解释说："小姐，你的做法是不对的。在这个世界上，没有人有施舍给别人的权力。你那样把东西散发给他们，无论你怎么想，在孩子们的心目中，你都会留下一个高高在上的施舍者的形象。

所以我们应该让他们自愿付出劳动，然后再得到他们需要的东西。这样，他们就会觉得他们工作了，那些得到的东西是他们的劳动所得。因此他们就不会认为自己是个乞讨者，反而会认为工作是有乐趣的，也是有实惠的。这样，等他们长大了首先想到的是通过工作来得到自己需要的东西，而不是等待着别人的施舍。"

· 209 ·

　　这位瑞士人说得非常对，没有人有施舍他人的权力。同样的，如果我们抱着施舍的心态去帮助人时，那帮助到了最后往往也就变了滋味了。有位慈善家谈到慈善的最高境界时，讲过这样的一句话："好事不如无事。"他的意思就是如果我们做了好事，帮助了别人，心中却念念不忘想要得到回报，总希望从此别人就对自己毕恭毕敬，被我们颐指气使的话，那还不如不去做这样的好事。

　　为什么呢？因为我们既折磨了别人，又折磨了自己，把好事瞬间变成了坏事。因此帮助他人要注意方式，时时记得顾及别人的尊严，只有这样，才能获得最好的结局。

## 第十章
# 为什么我们亚健康了
## ——坚持 0.8 的保健原则

　　衣食是生命之源、健康之本，合理的食宿才是生命的第一保障。醲肥辛甘非真味，真味只是淡。我们不提倡完全食无鱼肉的生活，只需将自己的衣食之欲合理地打个八折，我们就能拥有真正的健康生活。

# 饭吃八分饱，提高免疫力

有句俗话说，每餐留一口，活到九十九。正确的饮食规律应该是一日三正餐，饭吃八分饱，尽量少吃零食，尤其不可暴饮暴食。

因为一般情况下，食物在胃中消化约 4 小时左右即被排入肠中，因此除晚餐至次日早餐外，每餐进食时间相隔在 4～7 小时为宜。间隔时间过短，胃中食物未消化完而又进食，就会影响胃的功能，久而久之容易得慢性胃炎和消化不良。而进食时间相隔过久，胃早已排空，过多的胃酸侵蚀胃和十二指肠黏膜，易发生消化性溃疡，还会使肠液分泌和肠道蠕动受到抑制，出现腹胀、便秘等症状。

某大学的营养老师曾做过这样的试验，将同一窝小白鼠分成两组，一组饱食终日，其寿命为 1 年，而另一组每顿只喂七八成饱，结果寿命却多出了一倍。我们由此可见，饱食未必健康，而节制饮食，每顿吃八成饱却有可能延年益寿，少患疾病。

无独有偶，在江苏镇江有一家倡导健康饮食的"八分饱饭庄"，由于饭庄在起名上别具一格，很是抓人眼球，因此在镇江竞争异常激烈的餐饮业广受关注，站稳了脚跟，以名夺人，生意红火异常。

这家饭庄在硬件上并没有过多出奇之处，但他们在为每一位食客点菜时，总要刻意提醒菜肴的营养结构。经过培训的服务员，讲解起健康饮食来，头头是道，明显优于一般饭店的服务员。

据悉这家店总部在台湾，是一家连锁店，之所以要起这样一个店名，主要是因为他们发现现在的人猛吃猛喝、暴饮暴食的太多，不仅不注意饮食的合理搭配，在饮食的营养上也是顾此失彼，对健康很是不利。现在人不是没有吃的，而是不会吃。好多现代病，比如高血压、高血脂、将军肚等都是吃出来的。正是基于此，想起古人有"事做十分勤，饭吃八分饱"的古训，八分饱饭庄即由此而得名了。当然这一古训也是他们的店规。在八分饱饭庄，他们除了在客人点菜时适当给予指点外，他们还会及时提醒在饮食过程中海吃海喝的客人注意节制食欲，不要过量饮食。

对于八分饱饮食这一点，我们的古人早有研究。在民间就有"少吃香，多吃伤"和"饥不暴食，渴不狂饮"的说法。而《寿亲养老新书》有言："尊年之人，不可顿饱。"古书《黄帝内经》也强调："饮食有节……故能形与神俱，而尽终其天年，度百岁乃去。"这些都是古代长寿者的经验总结。那么八分饱饮食到底有什么好处呢？我们试着从几个方面分析。

首先，饭吃八分饱有益大脑健康。饭只吃八分饱的最大"受益者"非大脑莫属。人们吃饱后，往往会陷入一种昏昏欲睡的状态，这是由于饱餐后，人体内的血液都流到胃肠系统帮助消化，导致大脑缺血。研究显示，如果人吃得太饱，一种名为"纤维芽细胞长因子"的物质会在大脑中迅速生长，这种物质可引发脑动脉硬化，进而出现脑瘫、老年痴呆等症状。因此，平日里每餐只吃八分饱，可益智延寿，有益大脑健康。

其次，饭吃八分饱可减少脂肪肝的发生。脂肪肝是脏器里面仅次于病毒性肝炎的第二大疾病，是肝硬化的前奏。人体之所以会患上脂肪肝，就是因为肝脏中脂肪积累得太多了。在日常生活中，导致脂肪肝的最大原因就是营养过剩。养成饭只吃八分饱的饮食习惯可防止营养过剩，进而保护肝脏，所以年过40的人最好每次吃饭只吃八成饱就可以了。

再次，饭吃八分饱可延缓衰老。尽管机体的衰老是所有生物体必经的过程，但作为万物灵长的人类，我们机体衰老的年龄和速度会受制于很多因素，而营养就是这些因素当中至关重要的一个。人们为了维持生命，需从食物中摄取各种营养物质，也就是所谓的能量。如果人体消耗的能量与摄取的能量能保持平衡，那人体就会处在一种健康的状态。但如果人们长期消耗的能量大于摄取的能量，让能量长时间处于过量，那么就会出现体重减轻、免疫功能下降等症状，且容易患上疾病；反之，如果人们长期摄取的能量大于消耗的能量，让能量长时间处于入超，那么就会导致人体内能量过剩，将出现脂肪堆积、超重、肥胖等问题，甚至会因此患上各种慢性病。由此可见，能量的过少或过多都会有损健康，加速人体衰老。

最后，饭吃八分饱还有益于肠胃健康。科学研究表明，吃饭时吃到八分饱的感觉最舒服。因为这样不会增加胃的负担，还有益于血液在周身的平衡循环，而不只是集中在肠胃帮助其消化吸收。

人处于什么状态最舒服呢？饭吃八分饱，觉到自然醒，笑到自然停。真正生活有节制、有规律的人大都不会"饥一顿、饱一顿"，而是拥有准时吃饭，到量停箸的好习惯。


## 做菜：八分咸，八分油


据 2010 年中国居民营养与健康调查结果显示，我国城乡居民平均每天摄入烹调油 42 克，远远高于推荐量。如此高脂肪、高胆固醇的膳食，让肥胖、相关慢性疾病患病率在社会上迅速增加。与 20 世纪 90 年代相比，中国成年人超重率上升了 39%，肥胖率上升了 97%，高血压患病率增加了 31%。

中国人长期以来用盐多，使味觉变得麻痹，导致盐的用量离健康指数越来越远。世界卫生组织把日荐摄盐量限制在 5 克，但据调查结果显示，我国居民平均每人日食盐的摄入量为 12 克，远远高于 5 克的食盐建议量。食盐的摄入量与人群的血压水平和高血压的患病率有着密切的联系。据统计，我国高血压患者已达 1.6 亿，平均每年增加 300 万人。

中国自古是一个饮食大国，饮食的文化源远流长，现在随着人们生活水平的提高，饮食问题自然更为人们所重视，那如何在吃好的同时又吃得健康呢？

饮食，自然离不开油和盐，不过用量过多过少，都不利于健康，还会引发多种慢性病。那么，用多少油、多少盐，最适度呢？而我们在日常的饮食中又如何去把握这个度呢？

对于油来说，专家建议每天烹调用油不宜超过 30 克。中国人喜欢吃油，因为经油烹制的食物不仅由生变熟，改善口味，还能促进食欲和增加饱腹感。而我们日常的食用油也是以植物油和动物性脂肪为主的，这两者所含脂肪酸种类不同，对健康的影响也不同。总体来说，动物性脂肪中饱和脂肪酸和胆固醇含量高，应该尽量少吃。而在大豆油、花生油、菜籽油等多种植物油中，由于各有其特点，应经常更换食用，而且总量也不宜过多。

如何做到少吃油，我们可以从以下几个方面入手：

一、改善烹饪工具，如使用不粘锅、微波炉，这样可少用一些润锅油，从而减少用油量。

二、改变烹饪方法，少用油炸、油煎、油爆、油炒，多用清蒸、水煮、凉拌等。

三、从月食用总量上加以控制，3 口之家，5 升量的一桶油至少要食用两个月。

四、少去饭店用餐，因为饭店的饭菜大多油量大。另外，膨化食品、快餐食品、饼干蛋糕等也尽量少吃，尤其尽量杜绝吃方便面等油炸脱水食品。

　　而对于食盐来说，合理地食用就更重要了。因为食盐的主要成分是氯化钠，除了能给我们带来美味的口感，钠元素还是我们体内不可或缺的一种化学元素。它广泛存在于体内各种组织器官，调节体内水分，增强神经肌肉兴奋性，维持酸碱平衡和血压正常功能。因此适量用盐至关重要。但食盐一旦摄入量过多，就会产生许多不良影响。长期摄入大量盐对健康的影响和危害非常大，不仅会诱发高血压，还能引发胃炎、消化性溃疡、上呼吸道感染等疾病。

　　另外，食盐过量还是导致骨质疏松的罪魁祸首。因为肾脏每天将过多的钠随尿液排到体外，每排泄 1000 毫升的钠，同时损耗大约 26 毫克的钙。所以，人体需要排掉的钠越多，钙的消耗也就越大。因此，少吃盐是保持健康最经济实惠的方法。

　　那么如何才能做到减少食盐摄入量呢？专家建议首先要自觉纠正口味过咸的不良习惯，做饭时采取总量控制，用量具量出。炒菜时可以放少许的醋来提高菜肴的鲜香味，可以帮助口感重者适应少盐食物。

　　同时限盐也要把好"入口关"，即烹调时自己把握用量。对于此，我们在日常烹调过程中，除了使用限盐勺外，还可掌握"两盖盐"法则。即刚开始每天吃一啤酒瓶盖盐，不超过 10 克，适应后换成每天一牙膏盖盐，约 4.5 克。

　　而且我们还可以多找食盐的替代品，做菜时注意用酱油、豆酱、芝麻酱等调味料，或用葱、姜、蒜等香料提味。5 克酱油、20 克豆酱所含的盐分才相当于 1 克盐，而且做出的菜比直接用盐味道更好。

　　就算是做炒菜，我们也可以在菜出锅时再放盐，这样盐分不会渗入菜中，而是均匀散在表面，能减少摄盐量；或把盐直接撒在菜上，舌部味蕾受到强烈刺激，能唤起食欲。喝汤我们也最好只喝淡汤，完全不需放盐，用蘑菇、木耳、海带等提色提鲜就足够了。

　　另外，我们还应该小心暗含食盐的"隐形杀手"。卤味、香肠、熏肉等熟食品的含盐量要比一般菜肴还高出两到三倍，而且一包辣酱面的含盐量就有 6 克之多，所以我们如果经常吃这些食物，盐分就很容易超标。不仅如此，在食用松花蛋、咸鸭蛋，甚至一些西式点心的时候，都需要减盐。

最后，现在的家长尤其应该注意限制儿童的食用盐摄入量，防止儿童味蕾对高盐饮食形成习惯，从而导致成年后偏爱高盐饮食。

总的来说，少吃油盐对于我们多年来养成的饮食习惯来说，做起来是相当不容易的。因此我们就不妨先从 0.8 开始，将油盐的摄入量打个八折，这样慢慢地一点一点减少，循序渐进，让出 0.2 的味蕾，还自己一个健康的生活。

## 八分细，二分粗：粗茶淡饭保健康

在我们的餐桌上，大米白面取代了糊糊窝头，大肉大鱼取代了白菜豆腐。人们每每端起饭碗，无不感慨生活真是一天天地变好了，但与此同时，我们却发现，人的体质却越来越不如从前。

《黄帝内经》上讲"以五谷为养，以五果为助，以五畜为宜，以五菜为充"。这也就是说我们的饮食养生要以五谷类为主，五谷就是我们吃的粮食。而粮食有粗细之分。因此我们可以得出这样的结论，单一地吃那些精致的食品，是导致我们体制下降的重要原因，多吃些粗粮，反而可以使你的肠胃更健康，身体更硬朗。

为什么粗粮对我们的身体有这么大的作用呢？这要由粗粮的营养成分说起。1970 年以后，欧美营养学家说："粗粮含有大量的膳食纤维，因此吃粗粮有益健康"。膳食纤维曾是被认为对人体不起作用的一种非营养成分。但目前，科学家已经越来越意识到，在粗粮里大量含有的这种物质与人体的健康有着密切关联。它在预防人体的某些疾病方面起着重要作用：如大肠癌、阑尾炎、便秘、糖尿病、心脏病、高胆固醇以及肥胖，等等。

同时膳食纤维素的可溶性还能够确保果胶在热溶液中溶解。果胶具有与离子结合的能力，具有强大的吸附毒素的作用。除此之外，粗粮含有丰富的 A 族维生素、B 族维生素、钙、铁、钾等矿物质和不饱和脂肪酸。如玉米胚芽含有丰富的亚油酸。

而食用粗粮具体又有哪些好处呢？

首先，粗粮属于平性食物，因此长期食用可以避免热性病的发生，如糖尿病、癌症、高血压、感冒等。

其次，常吃粗粮有利于防治心脑血管疾病。粗粮的组织与胆酸结合，减少肝肠循环，就限制了心脑疾病的罪魁祸首——胆固醇的生成。

第三，常吃粗粮对防治糖尿病能起到很好的作用。粗粮同样含有淀粉，但是食入之后不能引起血糖的升高，原因之一就在于含有膳食纤维。同时粗粮当中还含有一些有益成分，如荞麦中含有卢丁。

第四，常吃粗粮有利于改善肠道环境、治疗便秘，膳食纤维经代谢可以产生羟基化合物，有导泻、促进肠蠕动、吸收水分的作用。

第五，粗粮具有减肥的作用，膳食纤维可延长食物在胃内滞留时间，还可产生饱感，避免摄入过的热能、脂肪、糖。

最后，粗粮还有利于防治抑郁症。据美国心理学家说，高热量的饮食加剧了抑郁症的发生，而膳食纤维具有镇静的作用。

在健康方面，粗粮大行其道；而在另外一方面，随着人们对美食越来越挑剔，对于那些吃惯了山珍海味的人来说，吃粗粮反而成为了一种时尚。如今的粗粮已不只是过去人们用来果腹的了，那些经过改良和细粮混搭的粗粮食品，同样也成为大众餐桌上的一道风景。享受粗粮带来的健康，可以尝试如下方法。

将大豆与大米混搭。大豆富含可促进身体发育、增强人体免疫力的氨基酸，而大米、白面的赖氨酸含量非常低，两者可以说是最佳组合。

黑米和大米混煮。由于黑米比较硬，而且很粗糙，不太适合用来煮饭，但如果熬粥，口感就好多了。所以将黑米与大米按照2：8的比例混合，一起煲粥真是既营养又好吃。

将小米和大米混搭。小米与大米一起熬成二米粥，是粗细粮搭配的经典粥品，既简单，又可口。

将小米和薏仁米、白果等多种原料混搭。将小米与珍珠米、薏仁米、黑米搭配，再添加些白果、莲子、桂圆等配料熬成的腊八粥，不仅美味可口，而且营养丰富，是老少皆宜的食品。

将荞麦面和小麦面混搭。荞麦面与小麦面是"黄金搭档"，可以做荞麦饼、荞麦馒头等，而荞麦面条更是营养丰富的面食。

将高粱与东北大米混搭。高粱米单吃有粗糙感，将其与口感细腻的东北大米按一定比例搭配，然后煲粥或煮成高粱大米饭，口感独特、营养丰富而且利于人体的消化吸收。

将玉米粉和面粉混搭。玉米粉与面粉搭配，可以做成多种美食，如玉米饼、玉米馒头、玉米糕、窝窝头、金银卷等。这些面食不仅美味而且好看。

将粗粮、细粮按照科学饮食规律搭配，人体就会像海绵吸水一样，充分而全面地吸收到各类营养，提高自身免疫力。所以，从现在开始学着吃粗细粮吧，守住2：8的粗细粮比率，就是守住自己和家人的健康。

## 素荤完美比例8：2

如今，当我们走进超市，我们也许会发现，某些水果蔬菜的价格已经远远超过了肉类。当我们到了吃饭的时间，我们能找到的素食餐厅也逐渐变得多了起来。面对着美好的生活，饮食健康成了人们最关心的头等问题，炸鸡腿、酱肘子似乎再也比不上蔬菜、水果更有吸引力。人们以更加简单的生活方式迎接新的世纪，心灵归依到平淡和质朴，凡此种种都使吃素菜的人与日俱增。基于健康因素也好，基于简单也罢，人类回归原始自然的奢求在味觉上再次显现。

其实早在几年前，情况还并不如此，早在 2000 年，据中国居民膳食结构与营养状况变迁及改善措施显示，当时的成人谷类和根茎类的摄入量都有大范围下降；而同比动物性食物的消费，特别是肉类和蛋类的消费，则分别有大幅度的增加，人们的膳食结构中脂肪和蛋白质的比例逐步提高。

但随着人们荤营养摄入的现状愈演愈烈，伴着脂肪和胆固醇的高摄入而来的便是整个社会患慢性疾病的人群日益增加，如肥胖，糖尿病，心血管疾病甚至癌症。工作节奏的不断加快，生活的不规律，更造就了这部分"肉食者"营养摄入失衡的现状，致使其在不知不觉中竟已成为心血管疾病的高风险人群。

最近，这些由肉食而引起的身体问题终于为人们所重视，由此引发了文章开头现象的出现。现代的营养学认为，人要想健康，就要首先实现营养平衡，合理搭配植物性食物和动物性食物，让素食品也得到重视。

其实，我们中国人的传统饮食习惯就是重视素菜的。关于中华民族传统在这方面的膳食原则有很多精辟的论述，如"饮食清淡，素食为主""可一日无肉，不可一日无豆""鱼生火，肉生痰，萝卜白菜保平安"等。相比于西方人高蛋白、高脂肪、高热量的饮食习惯，中国人的肠胃本来就对吃素更加适应，因此我们应该注意在满足口腹之欲的时候，以素食为主，适量搭配一些荤菜。

荤菜虽然味道鲜美，但其中含有大量的蛋白质和脂肪，超量摄入会增加肝肾负担，导致尿酸增高、高血压、心脑血管等疾病。素食则能改变荤食含饱和脂肪酸与胆固醇过高的弊端，弥补荤食的缺陷。

我们的古人早就提出了"五菜为充"的观点，说明蔬菜对消化系统有"充盈"和"疏通"的作用。因此，要有一个好胃口和健康的消化系统，必须经常多吃些蔬菜水果，摄取素营养，尤其是在我们食用肉类食品等荤食品的时候。

而我们又应该如何合理完成荤素搭配呢？主要在于以下两点：

第一，要保持荤素平衡，保证身体健康的根本就在于荤素食物之间的均衡搭配，这样才能保证身体吸收到充足的优质蛋白质、必需的氨基酸、各种维生素、无机盐及膳食纤维，因此在搭配荤素菜的时候，要适当地考虑素菜的重要性，不要只把素菜当摆设，当点缀。

第二，尽量要以素为主。完全吃素固然不科学，因为这难以满足身体的营养需求，但我们却应该提倡以素食为主，荤食为辅，荤素搭配。这样既保证了对荤食中营养的有效吸收，又防止进食过多荤食而引起疾病。

当然，这几点原则也要因人而异。如果你本来就不是特别喜欢吃荤菜的话，就不妨把荤素按 2 ∶ 8 的比率搭配，一份荤菜配四份素菜，享受一下在荤素上面的 0.8 生活；但如果你是一个非常喜欢吃荤菜的人，让你一下子把荤菜减小到素菜的四分之一恐怕接受不了，那您就不妨把荤菜打个八折，将原本计划的荤菜中的 20％变成素菜，这样既不耽误你口腹之欲，又能慢慢养成素荤搭配的好习惯，何乐而不为呢？

## 冬天穿衣，八分暖二分寒

冬天刀割般的北风、持续低迷的温度、南方萧索的冬雨以及北方一场连一场的鹅毛大雪，让畏寒的我们变成冬眠动物，纷纷躲进暖气房间里，或者偎在炉火边。

其实，冬天虽然寒邪伤人，而且还是生病的高发季节，"防寒保暖"是西医尤其是心血管科、急诊科、儿科、呼吸科医生们每年冬季必要跟病患们反复念叨的四字箴言。但如果全方位地做好了保暖工作，多掌握一些冬天穿衣的健康知识，我们完全可以不"冬藏"，仍可像其他季节一样过得自如快乐。

综观身边的朋友们，我们不难发现，有很大的一部分人一到冬天，就立刻就把自己裹得严严实实，暖和倒是暖和了，但一味地多加服，却给健康埋下了隐患。

首先，衣服穿得过多会影响人体的散热和散潮；其次，衣服穿得过多，导致我们体温升高，一旦气候有变，如果不适时地增减衣服，就有可能减弱身体的耐寒能力和适应能力，反而更容易感冒。因此有些专家就提出，对于大多数年轻人，或是没有心脑血管问题出现的中老年人，以及青少年儿童，根据自身的实际情况，冬天少穿点衣服，循序渐进地适当"冻一冻"反而有助于增强免疫力。

其实寒冷并不可怕，对环境的适应是我们人类的本能。挨冻和保暖并非一对反义词，而是针对不同年龄和身体条件的人群，提出的具体个性化要求。"冻"并非人人能接受；相应地，"暖"也不见得对每个人都有好处。过度保暖反而会降低身体的免疫力，让人长期处于温室大棚的状态，逐渐变得脆弱而易病。"薄衣御寒"也属于养生之道。而如何在锻炼自身体质的同时不受风寒，就却确实值得我们好好研究一番了。

首先，对于正在成长的小孩儿来说，少穿一件好过多穿一件。"别说冬天，就是春秋季节，也经常可以看到很多父母喜欢将孩子紧紧'捂住'，似乎永远都应该比大人多穿一件或多盖一层，生怕孩子一不小心着凉生病。"然而儿童非但不应多穿一件，还应考虑少穿一件。因为他们正处于身体发育的高峰期，新陈代谢的速度要远比成人快，所以体表热能挥发得也很大，这也就是为什么孩子只要稍一活动就满身大汗的原因。如果做父母的让他们的衣服穿得过多，出汗不断而又未及时更换衣服的话，寒风一吹冷却下来，反而可能生病。

日本儿童从很小就开始尝试身着短裤或者超短裙度过秋冬天，虽然我们不提倡寒冷气候下露出膝关节，但这种观念还是可以借鉴的。婴幼儿脱离母体后，需要逐渐适应外界寒暖的变化，自己调节体温，如果从襁褓中就开始过度保暖，那日后会更加娇弱，患感冒的几率就会更大。

所以对于青少年儿童来说，家长们大可不必过于谨慎，让他们衣着轻便一点就好了，即使偶尔感冒也不要太过紧张，让他们的机体从小就适应一定的冷空气刺激，对于其日后习惯性抵御严寒大有裨益。而且这样能逐步提高孩子皮肤和鼻黏膜的耐寒力，对未来强身健体也有好处。

其次，对于老年人来说，要首先认清自己的体质，合理穿衣。我们有些正常的中老年人因天冷怕寒，在睡觉时总爱多穿几件衣服，其实这样做是很不利于健康的。由于人体皮肤能分泌和散发出一些化学物质，若和衣而眠，无疑会妨碍皮肤的正常"呼吸"和汗液的蒸发。衣服对肌肉的压迫和摩擦还会影响血液循环，造成体表热量减少，即使盖上较厚的被子，也会感到冷。因此，在寒冷的冬天不宜穿厚衣服睡觉。一般来说，脱衣而眠，可很快消除疲劳，使身体的各个器官都得到很好的休息。

对于年轻人而言，因为自身体质比较好，可以采用适当地穿薄衣、用凉水洗脸或擦身、多到冷空气环境锻炼等方式在冬天进一步增强心肌功能和机体自控能力。人体血管弹性也会由此增强，血液流量增多，从而改善冠状动脉的供血，同时还可借此改善神经系统和内分泌系统的调节功能。

总之，每个年龄段都有自己所应注意的穿衣事项。在不同的环境下，我们都应该试着对御寒的衣服打个八折。我们灵活掌握好这 0.8 的穿衣规则，在寒冷的季节里，为自己的身体健康把好第一道关，我们就能在自在、健康中度过一个美妙的冬季！

## 不要欠睡眠的债

睡眠要占一个人一生中大约三分之一的时间，由此可见睡眠对每一个人都是多么重要。但是近半个世纪以来，尤其是在发达国家，出现了24 小时社会，人们的各种嗜好纷纷占据了睡眠时间。但是这种生活真的很好吗？斯坦福大学睡眠研究中心负责人威廉·德蒙特博士并不这么认为，他提出："大量削减睡眠时间是现代人犯的一个严重错误。在 21世纪的今天，人们正生活在一个病态睡眠的社会中。"

调查显示，现代社会，每人每天的睡眠时间比 20 世纪的人少了将近一个半小时，长期缺乏睡眠使得人的身体状况严重恶化。德蒙特博士向我们列举了一系列由于缺乏睡眠而引发或者影响的重大事故：

1986 年，美国"挑战者"号航天飞机发生爆炸，机上的人员全部丧生。据美国国家航空航天局调查，除了恶劣的天气因素影响发射之外，负责发射飞船的工作人员在此前整夜都没有睡觉，在事故操作中因过度疲劳以至于产生精神不集中也是一个重要因素。1986 年乌克兰切尔诺贝利核泄漏事件和 1979 年美国三里岛的核泄漏事件都发生在夜晚，这两起重大的事件的发生也都和操作人员因疲劳操作而判断失误有关。

而在我们日常生活中，由于缺乏睡眠而引起的事故更是数不胜数。比如，每年发生的交通事故中，就有相当大的比例是因为司机在车上打瞌睡、精力不集中引起的。

我们人类的作息时间都是受生物钟严格控制的。这个周期一般是24小时，但是有些人却要强行逆自然规律而行。他们缩短自己的作息周期，但却忽略了睡眠对于健康的重要性。对于人类自身的生理要求，我们每天必须有足够的睡眠时间，长时间人为的缩短睡眠，就像是用银行卡透支一样，到了该还钱的时候，缺少的睡眠也必须还上。而且如果一个人一天晚上少睡了一个小时，那他就带着一个小时的睡眠账单进入第二天，不只他第二天的工作精力会削减，到晚上他要补充的睡眠也远远多于他前一天节省的。

有一位在外资企业工作的金先生刚过而立之年，毕业于国内某知名大学。他在毕业后进入所在公司后，因为平时工作非常卖力，迅速被提拔担任公司的业务部的主管。由于工作关系，他总是非常忙碌，正常的休息得不到保障。虽然金先生的身体一直都长得壮实，并且他也非常热爱运动，但是却出乎意料地在一天深夜回家时，倒在了出租车里，昏迷不醒，后经医院多方抢救，终于还是死亡了。

金先生的死因是大脑溢血，而病因就是平时太辛苦了，长期劳累过度，不注意休息。就这样，一个正当壮年的生命过早地结束了。这位金先生在平时抓紧时间努力工作，想趁年轻多取得一点成绩是没错的，但是他没有将工作与休息很好地结合起来，一味地卖命工作，最后导致他猝死于工作之中。如此结局显然是任何人都预料不到，也不想看到的。

对于金先生这样的悲剧，科学家有一个比较一致的看法是：睡眠是让大脑和小脑休息的，而人体其他器官，比如肝脏是不休息的。这表明睡眠是整个脑部特有的现象，至少慢波睡眠是脑部修补自由基所造成损害的时间。自由基是新陈代谢的副产物，可损伤人体细胞。其他器官可以通过放弃和替换受损细胞来修补这种损害，但脑无法这样做，只能让人进入睡眠状态，尤其是慢波睡眠状态，利用这段难得的"闲暇时间"

进行"抢修"作业。张先生正是经常强制地结束脑的"抢修"作业，才酿成了最后的悲剧。

所以无论我们的工作有多么忙碌，都不应该随意向睡眠透支时间。有的人可能会说自己的身体很好，能熬夜，完全没有影响。这种做法在短期内可能看不出有多坏的影响，但长久地去观察，这种做法就极不可取了。这就像一个马拉松长跑运动员，想在理想的时间内跑完整个路程，就不能只强调短时间内的速度，而必须适度地控制自己的速度，才能成为最后的胜利者。

对于睡眠，有一个绝妙的比喻，说"睡眠好比银行，可以适当透支，但不能一次性储蓄"。这就是说，偶尔地改变一下睡眠习惯可能不会有睡眠大碍，但绝不能长期拖欠"睡债"。那些以为只要把觉补上，就能恢复体力的想法是错误的；那些玩命工作后再狂睡的生活方式不值得效仿；而那些拼命玩耍后再补睡的生活习惯同样也是不可取的。

## 尝试"每天一万步"的健身方式

每天尽量走上一万步，这是美国疾病控制与防治中心主任朱丽·格伯丁医生向美国民众提出的建议。听起来这个数字好像不大，但考虑到我们普通上班族每人每天走路远远少于 4000 步，这个差距就可想而知了。

专家们长期以来就劝告人们，每天至少要做 30 分钟适当强度的体格锻炼，以保持身体的健康。但却很少有人听从这一意见，将近 2/5 的成年人报告说，他们根本不锻炼。而对越来越多需要减肥的成年人来说，他们更需加强锻炼。研究显示，肥胖的人如果进行锻炼，即使他们没有减去体重，其死亡率也是习惯静坐的消瘦之人的一半。

而且，随着科技的创新，人们办公环境的改变，很多当初必须由人来完成的体力工作逐渐被机械取代，人越来越长时间地被困在一个叫办公室的"水泥盒子"里面。而调查显示，和以往相比，人们摄入的平均卡路里没有太大改变，但是，每天消耗的卡路里却直线下降。由此，我们似乎可以得出一个结论，现在社会上的很多病症，有很大程度上是由于人们缺乏锻炼。

　　为了保持自己的身体健康，我们似乎更应该重视一下日常锻炼，但很多人又由于各种原因是做不到日常锻炼的。那么走路，这一最普通简单的锻炼方式就应该为人们重视起来。其实社会上早就有了一些以走路来锻炼身体的人，他们还有一个形象的名字："走班族"。

　　周小姐绝对是资深的"走班族"。她是武汉市某眼科医院的医生，到目前她已经有将近15年的"走班史"了。

　　由于小时候家离学校比较近，她从小就是"走学"一族。20世纪90年代末期，武汉的公共交通系统远没有现在发达，周小姐家住市区却在偏远的市郊医院工作，只能每天步行半个小时去搭乘公交车上下班，当时的"走班"是因为没办法。

　　但后来，随着城市的扩建，周小姐的家搬到了医院附近，15分钟的步行距离对她来说早已不在话下。十多年过去了，身边同事的交通工具由自行车升级到小汽车，李女士仍坚持走路上下班，"走班"似乎已经成了习惯。

　　在她的带动下，两年前，她的老公也开始走路上下班。"以前我老公100公斤还多，体检血糖、血脂好多项目都超标，医生说是到了健康'红色临界线'。"走了两年多以后，让人高兴的是，周小姐老公的身体各项指标都恢复了正常，以前的啤酒肚也悄悄地不见了。

　　目前，人们的生活水平越来越高，因此每个人也都应该拥有一副健康的体魄好能享受这美好的生活。与美国疾病控制与防治中心的号召一样，北京市卫生局日前提出了"日行一万步，健康你一生"的口号。有关专家指出，每天走一万步就可以达到健身的目的。对于上班族来说，如果没有整块的时间进行锻炼，可以化整为零，在上下班或办事、买菜的路上大步快走，如果能达到一万步，也可以起到很好的锻炼效果。

国内外研究都证实，每天一万步，运动量就能达到人体所需的最低要求，如果能够每天走上半小时到一小时、健走超过一万步，就能明显增加健康效益，减少心血管疾病、糖尿病、降低血压、帮助减肥，同时可减低焦虑与沮丧，让人远离忧郁，对生理跟心理健康的帮助极大。

目前已经出现的"走班"其实就是一种健康的随意的"每天一万步"的运动方式。走班并不是一般人认为的竞走。其实，走班跟比赛场上的竞走运动不同，它就是轻松地走路，用稍微轻快的速度、微喘的强度走即可，根本不用特别花脑筋去想手要怎么摆、脚要怎么抬。

当然，"走班"健身并不仅仅是走路就可以，还需要走得科学，才能获得良好的健身效果。专家建议，在"走班"时，步行的速度要尽量快，这样可以消耗更多热量。当然，对于刚刚开始"走班"的人们来说，步行的时间可以从短到长，速度应从慢到快。"走班"锻炼身体要适度，运动的时间应控制在 30～60 分钟之间。此外，"走班"时应注意衣物的增减，穿得过多或过少都容易引起感冒。

从今天开始，让我们拿出忙碌一天中的一个小时来，用在闲庭细步中，这样既能放松心情，又能锻炼身体，何乐而不为呢？

# 不要太着急吃药

根据一个知名的机构披露，九成的国人存在着滥用药的问题，尤其是抗生素。很多人就是太在乎迅速康复了，出现一点小病恨不得马上就好，因此无论病情的轻重是否需要，就胡乱选择用药，最后导致身体产生耐药性，身体某些机能也因此下降了。

张小姐是一位公司白领，由于从小身体就不好，因此长时间服用某一种抗过敏药，结果最近她发现自己的身体越来越差，而且用药的药效也下降了，很多时候用药根本起不到任何作用。去咨询了医生她才知道，是由于她用药太过频繁，身体已经产生了"耐药性"，药品对体内的某些病毒已经不再起作用了。

中医讲是药三分毒，这句话不无道理。药品是人们随科学的进步逐渐发明出来的，它并不是大自然赐给人类的诸如空气、水、食物等必需的元素。现在许多人将药品等同于治病仙丹，什么药品宣传得厉害，他们就吃什么，这是非常错误的做法。

其实自然赐给我们的身体结构是非常合理的，它拥有强大的自愈能力，我们所需要做的就是尽量不去打扰它就好了。人本是由动物发展进化而生，因此我们只要看看动物如何对待疾病，我们就能明白我们身体的自愈能力了。中箭的老虎逃走后没多久就又完好地出现在森林里了；野鸡断了翅膀后几个月就又能低飞了；农民养的小猫小狗得了感冒无精打采的，可用不了几天就用活蹦乱跳地出现在我们眼前了……

《汉书·艺文志》中就说："有病不治，常得中医。"它的意思是，有时候人得了病，不用去管它，病就会自然好起来，因为我们的身体本来就具有一定的自我调节功能。这话固然是有一定的时代局限性，但在某些时候也是不无道理的。比如，我们的手脚受了轻度外伤，我们不管它，伤口也会自然愈合；还有像轻度的发烧和咳嗽，也是完全不需要我们过度地吃药而能自行痊愈的。

当然，我们也并不提倡大家完全不去吃药。药品毕竟是科学的产物，是解决生活中病症最有效的东西。我们是要大家在吃药之前先分清自己的病症是不是重到了非吃药不可的地步。对于那些急病重病，我们当然是非吃药就医不可的，但对于很多经常出现的小恙，其实我们更应该相信自己的身体，给身体一个表现的机会，这样既省钱，又有利于健康。

## 每天 8 杯水，应该怎么喝

一直以来，"一天要喝八杯水"是不少人秉承的"金科玉律"。网上有很详细的帖子讲每天喝 8 杯水的好处，比如能美容护肤，使得一些女孩子对此深信不疑，坚决严格要求自己达到每天 8 杯的水量。但这水怎么喝也是有讲究的，而且这"8"字也不是适用于每个人，否则好的初衷也许会带来坏的结果。

28 岁的王美非常爱美，当她知道每天多喝水能使得皮肤变嫩时，就坚持每天必须完成 8 杯水的任务量。

年底工作很忙，她连着几天喝水都没"达标"，为此心焦不已。周末的时候，她终于将手头工作做完，提前下了班，和几个朋友去逛街。过了一会，她口渴难耐，想想自己今天的 8 杯水量还没完成，就一口气喝了三瓶水。

10几分钟后，王美感觉胃部剧痛，头晕呕吐。朋友立即将她送往医院。大夫说她是因为狂喝水，导致的"水中毒"。

原来，如果我们一次性大量喝水，过多的水分导致血液被稀释，渗透压降低，水通过细胞膜渗入细胞内，使细胞水肿，轻则使人头晕、呕吐或产生幻觉，重则使人昏迷、呼吸暂停乃至死亡，这就是"水中毒"。

空腹喝下的水在胃里一般只停留两到三分钟就很快进入小肠了，在那里它们再被吸收进入血液，一小时左右就可以补充给全身的血液。一次性大量饮水会加重胃肠负担，使胃液稀释，既降低了胃酸的杀菌作用，又会妨碍对食物的消化。所以，喝水的方式以少量多次为好，尽量一次喝一杯左右的水，不要太多或太少。

一个人每天需要的水摄入量约为 1000 毫升到 2000 毫升。当人感到口渴时，使中枢神经受到刺激，产生口渴的感觉，这时则说明体内已经缺水。缺水的危害我们都是知道的，但凡事都有一个度，我们应该坚持 0.8 的饮水原则，让身体内的水在每天都维持在一个平衡的状态，而不是一次性过量饮水。要达到合理饮水，势必让补水的时间保持间隔，或者把握住一天补水的几个好时机。

在早上睡醒后、用餐后、晚上睡觉前要注意喝水。因为喝水在补充人体所必需的水分的同时，还具有很多好的作用，比如它有利于食物的消化，减小我们患各种结石疾病的可能。水就是深入体内的清道夫，它能够稀释血液，净化循环系统，加速体内新陈代谢。喝水对皮肤保湿、美容养颜有很大的作用，并且可以防眼干，避免视力快速下降。

俗话说，晨起不喝水，到老都后悔。早上起来的第一杯水是真正意义上的救命水。因为人体在经过一夜的新陈代谢之后，身体的所有垃圾都堆积了下来，需要彻底地洗刷一下。这时候饮用一杯水可降低血液黏度，增加循环血容量。而清晨这杯水最好的选择有以下三种：第一种是清澈的水，白开水、矿泉水皆可，能够降低人体血液黏稠度；第二种是柠檬水，柠檬酸能够提升早晨的食欲；第三种是淡盐水，它对便秘的人非常有益，但易引起血压升高。

我们在吃饭后也应该马上补水，尤其是口味比较重的人，就更要记得饭后一杯水。因为吃太咸会导致高血压，也可导致唾液分泌减少、口腔黏膜水肿等。因此饭吃咸了，首先要做的就是多喝水，最好是纯水和柠檬水。淡豆浆也是一种很好的选择，因为其中 90% 以上都是水分，而且还含有较多的钾，可以促进钠的排出，且口感比较清甜。

同时睡前也应该注意喝水，虽不宜喝太多，但可以稍微抿上两口，尤其是对于老人来说。当人熟睡时，由于体内水分丢失，造成血液中的水分减少，血液黏稠度会变高。临睡前适当喝点水，可以减少血液黏稠度，从而降低脑血栓风险。此外，在干燥的夜里，很多人喜欢张着嘴睡觉，这样体内的水分丢失得就更快了，如果在睡前喝点水还可以滋润呼吸道，帮助人睡得更安稳。

喝水除了提供人体的需要外，还有益于某些疾病的防治和保持身体的健康。感冒时多喝水，这可以促使我们出汗和排尿，有利于体温的调节，促使体内细菌病毒迅速排泄掉。恶心的时候注意喝点盐水，因为盐水可以催吐，喝上几大口后，可以让污物顺畅吐出，吐干净以后，又可以用盐水漱口，起到简单地消炎的作用。另外，治疗严重呕吐后的脱水，淡盐水也是很好的补充液，可以缓解患者虚弱的状态。胃疼的人多喝温水，能有效地润滑肠道，荡涤肠胃中的有害物质，并顺利地把它们带出体外。便秘的人要大口大口地喝水，这样水就能够尽快地到达结肠，刺激肠蠕动，促进排便。

有人说不喝水可以减肥！这其实是一个错误的做法。想减轻体重，又不喝足够的水，身体的脂肪不能代谢，体重反而会增加。体内的很多化学反应都是以水为介质进行的，多喝点水，促进身体的消化功能，稳定身体的内分泌功能，让新陈代谢产物中的毒性物质消除，慢慢地会有利于身材保持。

喝水的好处多多，在日常生活中又容易进行，所以就更应该得到我们的重视。没事儿的时候多喝喝水，何必非要等到口渴的时候呢！渴至八分喝一杯不是很好吗？

## 减肥用八分功即好，切勿太快太瘦

爱美之心人皆有之。每个人都想自己拥有完美的身材，尤其对于那些身材不好的肥胖人士，胖更成为了他们心中的一块石头，他们无时不想去之而后快。想减肥固然可以，但是也要科学地进行，如果因为急于减肥从而给身体带来不良的影响，那么不如不减？

欧美等国医生近年来相继报告，追求快速减肥的人在起初 2 到 4 个月内，约有 1/4 的人患上胆结石，其中有些手术减肥的人群发病率还要更高。如此高的发病率可能是由于人体的脂肪少了，热量供应也就相应地急剧减少，沉淀于组织中的脂肪加速消耗时胆固醇随之移动，因此胆固醇在胆汁中的含量激增，胆汁也因而变得黏稠，并结出晶体沉淀了下来。

有些人妄想着一步登天，迅速减下一身看着不舒服的赘肉，为此不惜挨饿节食、饮浆吃药，甚至手术开刀，殊不知这就走上了歧途。

丘先生今年27岁，1米70的身高，体重却高达90公斤。在还小的时候他并不在乎自己的体形，觉得这有什么不好的。然而随着年龄的逐渐增长，很多男人的运动与他无缘，恋爱时很多女孩子也对他"免疫"，因此他一天天开始变得焦虑起来。终于在又一次相亲失败后，丘先生下定了减肥的决心。一开始的时候他也是采取运动减肥，但过了一段时间见收效太慢，于是开始吃市场上众人推荐的减肥药。可是几个月下来，他的外表确实感觉瘦了，但身体也开始吃不消了，不久便得了一场大病，病好了之后身体却变得虚得不行，体质也大不如从前。

减肥如果过多、过快还有很多不良的影响，比如记忆减退、体重反弹甚至由此引发很多相关疾病。我们体内的剩余脂肪能够刺激大脑，加速大脑处理信息的能力。科学证明体重超出 20%～35% 的人最聪明，而采用节食减肥的人对记忆力的损害非常大。如果我们减肥不当只求速度，那么很可能造成的结果就是去得快回来得也快，造成体重反弹，由此还可能导致心脏病，并由于身体状况的突变给结核病、肝炎等慢性传染病的侵袭以可趁之机，使胃下垂、抑郁症、营养不良的发病率也升高。

当然，减肥也不是完全没有办法，关键还是在于掌握一个适度的原则，要循序渐进，即在用量上适度，在时限上尽量放宽，达到既减肥又不伤身，让体内保留适当的脂肪。这不仅有助于形体的健美，而且对健康大有益处。这样的减肥有以下几种方式。

饮食减肥法：我们要保证每次进餐用半个小时或者更长的时间，要人为地制造饱腹感。多选择花时间咀嚼的食物，如蔬菜、粗纤维食品，同时尽量多吃热量低、含糖量低的事物。一定不要不吃早饭，因为这样不但会影响上午的工作，还有可能造成中餐或晚餐饮食过量。晚间最好用脱脂牛奶抵抗饥饿。因为到了夜晚，副交感神经开始工作，体内脂肪合成非常活跃，所以在睡觉前 3 小时最好不要吃任何东西。如果饥饿难耐的话，可以喝一杯温的脱脂牛奶，这是使胃产生充盈感的理想方式，还有利于获得更好的睡眠。

运动减肥法：运动减肥要注意降低运动强度，延长运动时间。运动项目要求以有氧运动为主，例如快走、游泳、慢跑、骑单车、跳舞等，每次至少持续半个小时以上，这样可以保持心率在一个平稳的节奏，不会因此对心脏有什么损伤，又能取到很好的减肥效果。

耗热减肥法：这种方法是以连续性的大运动量加速身体的热量消耗。每天用 30 分钟以上时间连续做高热量消耗的运动，但切记要保证运动的科学，不要造成相关的运动损伤。

减肥是一个持续性的活动，切勿太过追求速度和数量。对于苦恼肥胖的朋友来说，我们不妨只用个八分力，把这八分力持续下去也能取得很好的效果。况且"环肥燕瘦各有不同"，何必整日羡慕那些骨瘦如柴的人，我们对自己满意就好了。

第十章 为什么我们亚健康了